一切都是最好的安排

安于当下,以淡定之心,接受一切。

爱过,错过,都是经过。好事,坏事,皆成往事。

二白 ◎ 著

江西美术出版社
JIANGXI FINE ARTS PUBLISHING HOUSE

图书在版编目（CIP）数据

　　一切都是最好的安排 / 二白著 . -- 南昌：江西美术出版社，2017.5
　　ISBN 978-7-5480-4324-9

　　Ⅰ.①—… Ⅱ.①二… Ⅲ.①成功心理 - 通俗读物 Ⅳ.① B848.4-49

中国版本图书馆 CIP 数据核字（2017）第 033450 号

出 品 人：	汤　华
企　　划：	江西美术出版社北京分社（北京江美长风文化传播有限公司）
策　　划：	北京兴盛乐书刊发行有限责任公司
责任编辑：	王国栋　楚天顺　陈　东　陈漫兮
版式设计：	刘　艳
责任印制：	谭　勋

一切都是最好的安排

作　者：二　白

出　　版：	江西美术出版社
社　　址：	南昌市子安路 66 号江美大厦
网　　址：	http://www.jxfinearts.com
电子信箱：	jxms@jxfinearts.com
电　　话：	010-82293750　　0791-86566124
邮　　编：	330025
经　　销：	全国新华书店
印　　刷：	廊坊市华北石油华星印务有限公司
版　　次：	2017 年 5 月第 1 版
印　　次：	2017 年 5 月第 1 次印刷
开　　本：	880mm×1280mm　1/32
印　　张：	7
ＩＳＢＮ：	978-7-5480-4324-9
定　　价：	26.80 元

　　本书由江西美术出版社出版。未经出版者书面许可，不得以任何方式抄袭、复制或节录本书的任何部分。

　　版权所有，侵权必究

　　本书法律顾问：江西豫章律师事务所　晏辉律师

序言

前方是星辰大海

　　世界本身并不是空洞的励志书,那些让人脆弱、疼痛、哭泣的东西是真的存在的——城市上空笼罩着的雾霾是存在的,雾霾下方蒸腾着百种烦恼的人间也不是虚构的,极大丰富了的物质条件是已知的,越来越迷失的精神时空也不是瞎说的。

　　当童年的超人梦碎在镜中,自己不知不觉变成现在这个样子;当爱情不再甜蜜或迟迟不见时,却要饱尝逼婚催生的压力;当事业的灯塔越来越远,初入职场的锐气一天天地褪色;当希望朋友为自己两肋插刀最后反而被朋友插了两刀……身处如此情境,岂非也是醉了,真是够了,整个人都感觉不好了?

这世界虽然没那么好,但也没那么坏。没有雾霾的时候,晴空万里还是很爽的;不烦恼的时候,微笑和喜悦也时时在身边,甚至有时就因为未知和死亡的存在,才让活着的感受变得强烈而珍贵——我们恐惧和害怕,是因为这里还有令人眷恋的东西。或许也正是因为知道生命短暂,完美不存在,才格外希望能从现在开始就幸福起来。

我始终认为,活着是件挺不错的事儿。活着才能感受风光霁月、花香鸟语;活着才能知道爱是个什么东西;也只有活着才能感受脆弱与坚强的交替。那,既然要活着,就好好活吧;不要把爸妈辛苦养育的个体变成移动的肉身,也不要成为"有些人活着但他已经死了"的论据。

我不是个特别温暖的人,不会把温暖的句子信口拈来让别人泪流满面,我甚至也不喜欢鼓吹"正能量",因为我相信负能量也是人生中不可或缺的一部分。但这些特质都不妨碍我想在文字里表达一种我所希望的活着的态度:对自然敬畏,对世界中立,对悲喜理性,对一切宽容,更重要的是幽默一点乐观一点。

这种乐观,不是对哀与悲视而不见,不是对焦虑脆弱置若罔闻,是要试着去学习遭遇风霜雨雪后依然有勇气往前,往未知的未来去探险。

要相信,一切都是最好的安排。

目录
MU LU

001　PART 1
　　你的人生与世界无关

　　　谁说爱哭的人就脆弱　/　003
　　　姑娘麻烦你清醒点，你的世界与他无关　/　008
　　　你没有自己想象的那么惨，你只是太敏感　/　013
　　　在不安分的世界，做不安分的自己　/　018
　　　别让拖延害了你　/　022

029　PART 2

　　虽然没有成为想象中的自己，但真的没关系

　　　　想变成苹果，最后却长成了倭瓜 / 031

　　　　学会接受人生的不完美 / 036

　　　　所谓文凭，真没那么重要 / 042

　　　　没有入过世，凭哪门子出世 / 047

　　　　不能接受自己，何以拥抱人生 / 057

　　　　梦想总是遥不可及，但请不要放弃 / 063

069　PART 3

　　没必要为了爱情躲起来哭

　　　　千万别找个人搭伙过日子 / 071

　　　　那些年，谁没爱过几个人渣 / 077

　　　　感情不是念念不忘，就会有回响 / 082

　　　　别指望爱情可以拯救你 / 089

097　PART 4

　　职场没你想的那么复杂

　　　　老板都是蠢货？　/　099
　　　　有背景？拜托，那是综合实力　/　105
　　　　他在刷微博，你在干什么　/　110
　　　　细节真的决定成败　/　116
　　　　别把换工作当成救命药　/　122

129　PART 5

　　别对朋友要求太多

　　　　哪来这么多肝脑涂地的友情　/　131
　　　　然后，我们就疏远了　/　136
　　　　你是有用的朋友，还是没用的朋友？　/　141
　　　　远离充满负能量的人　/　148

155　PART 6
那些曾让你哭过的事，总有一天会笑着说出来

既然活着，那就好好活 / 157

命运很残酷，我们很坚强 / 163

有阴影？那是因为你站在阳光下 / 170

昨日已逝，抖抖尘埃，继续上路 / 174

183　PART 7
可不可以不那么勇敢

其实可以不用那么坚强 / 185

管他怎么看，过你自己的 / 190

幸好还不完美 / 196

慢慢来，一切都来得及 / 202

小明，滚出去 / 209

PART 1
你的人生与世界无关

眼睛里那些泪光,能折射出希望;离开了多少无言,才能笑得不卑不亢。

谁说爱哭的人就脆弱

都说做人难做女人更难，可我觉得做男人也很难，难就难在"男儿有泪不轻弹"。这句明代李开先所作的古语似在告诫男人们应该坚强，不能像女人随时飙泪那么脆弱。但人家李先生明明不是想说这个，人家明明有后招，叫作"只因未到伤心处"。

做人要坚强，这是对的。但这前半句话的槽点在于，爱哭就是脆弱吗？

很多男人都是不哭的，即使在最难过的时候。

我有个哥们儿，特别喜欢他的初恋，但因为太不善于表达情绪，让姑娘没有恋爱的感觉，于是就被分手了。分手后，哥们儿表面上看来格外风平浪静，只是闷头打了两个月游戏。这样的反应让姑娘更坚定了分手无比正确，他就是吨钢筋混凝土！

时隔好几年，姑娘已经跟别人跑到了国外，他才仿佛刚缓过神来对我们说，其实难过得真是要死掉了，拼了老命才压制住眼泪。现在还常常假设，如果当初没那么大老爷们儿，能一把鼻涕一把泪地去抱大腿哀求原谅，不知道结果会不会有点不一样？

他不知道，其他人也不知道。只是觉得这么憋着会让自己更难受，就像亟须宣泄的山洪，你却非要去堵着它，说不定会有毁灭性的后果。

另外一哥们儿则跟他完全相反。他姓李。但认识的时间久了，我觉得他应该姓林，因为他在我面前哭的次数比女人还多。他好像随时随地都能找到理由泪水长流：和女朋友吵架冷战那是必须悲伤的；辛苦加班赶出来的方案不被老板赏识那也是必须沉痛的；思念家中年迈的双亲眼角是必须湿润的；偶尔瞅到跪在地铁通道里卖尊严求钞票的，同情心也必须是要泛滥的……平常尚且如此，更别提确实很惨的情况了。古诗里说的"感时花溅泪，恨别鸟惊心"，指的就是他。

李同学的泪腺之发达远在我想象之外，他哭得最厉害的一次，头一回让我见识到什么叫真正的泪崩，什么叫眼泪从指缝里流出。虽然被炒鱿鱼确实是一件很悲情的事。可一则，全球经济危机属于不可抗力，所以他就算被炒也不算很丢脸；二则，他成为德勤的正式员工仅仅只有半年，虽然之前他为进入这间公司已经耗费了三年……往好处想想，其实也没多大事。可李同学鬼哭狼嚎，"早知今日何必当初啊！我何必当初！"原来他开始对当年无疾而终的感情追悔莫及。当初为了进"四大"他忙于实习，不得已冷落了刚好上的对象，以致最后惨淡收场。

陪他喝酒的三个人都惆怅不已。看他崩溃成这样，我们心里的担忧越来越深。我们忍不住去想：这哥们儿没事吧！这么脆弱，要是……假如……万一……我们会悔恨终生的啊。于是我们三人商量着，轮流看护他，决定没事儿就到他家里去做三陪——陪吃喝陪聊天陪打游戏。

但很快我们就发现，我们真是想太多了。两天后，这哥们儿就开始正常地刷牙洗脸下楼买生煎，更过分的是，他还给自己办了一张巨贵的男士俊颜馆年卡，说什么要把之前熬夜加班的肾亏都补回来……

虽然后来他忽然消失了几周，让我们有点小紧张，幸好在刷出"前'四大'员工，某李姓男子不堪失业压力自杀身亡"的网络新闻之前，先刷出了他的微信新状态，原来这家伙继泪崩之后，参加了一个高规格的旅行队，走完了大峡谷。从照片上看，高山草甸、碧海蓝天以及美酒土特产，生活应该是很不错的。我们纷纷松了口气又纷纷叹了口气，看来李同学不仅泪腺很发达，心脏也很强健。

旅行回来的李同学晒成高原红，一笑起来脸上就两坨绯色，心情相当不错，还给我们带了很多牛肉下酒。当我们几乎都要怀疑，不久以前哭到分裂的男人绝对不是这人而是错觉时，幸好他又一次因为另一些悲情或没这么悲情的故事哭起来，把我们从这种错觉中拯救出来。

李同学飙泪的时候很烦人，但不得不说，他还是给了我很多启发。最突出的一点是，他用实际的生存哲学反驳了爱哭和脆弱的逻辑关系，证明了这两者互为非充分非必要条件——爱哭的人不一定脆弱，他们只是选择了流泪作为脆弱时表达情绪的方式。

我们问过李同学，你为什么那么爱哭。李同学的回答是，大哭就和大笑一样，很爽！难受的情绪会随着眼泪流下来，跟号啕大哭一起消失。女人不是常说，眼泪里的那都是毒素，流流眼泪排排毒，一举两得。

在我看来，能哭，至少代表着愿意去承认脆弱和无助，这比欺骗自己毫无感觉要坚强得多。只有承认，才能面对。很多不愿意承认难过和伤痛的人会有三种表现方式：NO.1，忽视问题，装作什么都没有发生；NO.2，告诉自己，我一点都不难过；NO.3，制造新的问题来掩盖上一个问题。

我不是说脆弱了请一定要哭。

我只是说，如果感到脆弱又想哭，那就哭吧，哭得昏厥也可以——这跟是否坚强没关系。哭完了醒来了就继续上路吧。人生之路漫漫，走过了坎坷曲折，必定会遇到芳草依依。

姑娘麻烦你清醒点，你的世界与他无关

发帖、潜水、围观和补刀，应该是一个网民的基本素养。基于这些素养，当一个女生身着睡袍披头散发地出现在男生宿舍8号楼下，并嘹亮地把"张三，你要是不跟那女的分手，老娘就不活了"重复了八遍后，该楼的某网民很专业地在BBS上直播了整个过程，而很快，这个女生和她的张三就都被扒出来，两人在人人网的ID点击量当即暴增，随之更引发了网民长达数周的热论。

网民们高效地搜索出了事件背景：该女系我校学生，与同校同级的张三从大一开始，已谈了三年恋爱。几个月之前，惨遭男生分手。分手原因是男生移情别恋，爱上了别校的"野花"。然而，该女用情至深，自分手以来，曾数度试图挽回。

她表示只要他人回来，自己可以一点也不计较。但是张三去意已决，不多时便和"野花"正式在一起了。该女义愤填膺，不肯放弃，于是出现了8号楼逼宫的一幕。由于张三的拒不回应，女生在楼下吼了很久，严重影响了熟睡中的同学，所以有人偷偷给辅导员打了电话，最后女生就被人给架走了。

其实这件事还有后续：女生被人架走后，在家一哭二闹三上吊，末了玩起了绝食，扬言要是见不到张三就饿死自己。她的家人十分痛心，赶紧跑到学校来求这位张三救救他们那苦命的女儿。于是龟缩多日的张三在辅导员的规劝下，终于现身。

网络传言，该女一见到张三就扑到其怀中，要求他跟"野花"分手。而张三表情很淡漠，回答很坚定：咱都分手了，你能别这样吗？还是吃饭吧。女生的不合作导致谈话从晚上八点僵持到了次日凌晨四点。东方既白时，女生还没消停，而张三已经撑不住了。他说，我好困，我要回家睡觉了。女生厉声大叫：你要是敢走，我就真的饿死自己，让你后悔一辈子！

闻言，张三凄然一笑，说，我已经很后悔了……就在女生以为他要回心转意时，却听到他说，我当时真是疯了才会接受你。

我们学校居然发生了这样的大事件，各路网民纷纷表示不可置信。难道这就是传说中的高分低能？虽然张三劈腿的确有点不厚道，但对女生，我们叹其不幸，怒其不顾个人形象扰人清梦，但更多的，却是深感无语，她竟然试图用自己的身心健康和生命来胁迫别人，真是何其哀。

是的，有些男生或许懦弱，甚至有些冷漠。但说真的，两个人，因为有感觉，从陌生人变成最亲密的人；又因为一方或双方不再有感觉而归回到陌生人。又没有结婚生子，需要承担相应的法律责任和抚养义务。因此，结束关系后，其中一个人扭头走掉，从此形同陌路，也是很正常的。理论上，任何人都不需要为主动退出一段关系而被对方牵制，他没有这个义务。所以，这样近乎疯狂地想要挽回自己的前任，是多么让人害怕啊。

就像张三最后对前任说的那样，你要想饿就饿吧，我不会拦着你的。

女生觉得很不可思议，如果我真的死了，你不会愧疚吗？

男生点头说，我会的。但我的愧疚只会持续一阵子，肯定不会一辈子。因为一切都是你自找的。

这听起来多么残酷啊，然而这就是现实。他大概想说，你知道我已经不爱你了，你也知道我们不可能在一起了，但你还用生命来威胁我，这样是爱吗？这样是对我好吗？全部都是你自私而已！——没错，对于威胁自己的人，不管对方采取什么方式，人们必定会非常反感。只不过怯懦的人面从腹诽，暴躁的人才揭竿而起。所以即使这个为爱痴狂的女生用自己的幸福做代价，也无法阻止男生和现任快乐地约会下去。

  我们的世界当然不是只有冷漠。对于受伤的人，大家或多或少都会给予同情。然而，世界没有责任去满足每个人的每一样心理诉求，它不会为谁的难过而驻足，也不会为谁的悲伤而停步。因为我们，都没那么重要，至少没有我们想象的那么重要。

  地球少了谁都照样转，太阳明天依旧要升起。这么简单的道理，为什么有人哭了那么多次，谩骂了那么多回，进出急救室那么多遍，却依然想不明白？在别人说出，以后各走各的吧，还是感觉可以得到回应，所以才在楼下大喊，在家里绝食。说得好听一点，这是在与已经消失的爱情对抗；说得不好听，这无非是向别人求关注、博同情。

  当然，没准儿他们都会说，我才不需要谁来拯救，我的人生我做主。

  其实那不过是死要面子的伪装。一定是想要得到什么的，比如完整的家庭、恋爱的如意、事业的顺利，然而失败过，所以不开心，但却又没勇气再继续，只能蜷缩起来，用这样那样消极的方式和这些经历对抗。目的？我不敢肯定，也许是想要博取同情，也许是想报复过去。

  我真想告诉他们，这是没用的。除了极少的、真正把我们当成心肝宝贝的人，这个世界上的其他人，谁会在意我们的心情好坏、健康与否、坚强或脆弱，或者，活着还是死了。

  我父亲曾对我说："遇到不幸，如果真的需要别人帮忙，大不了豁出去求人。但最好只求一次——真心想要帮助你的人，能帮一把就不需要你说第二次；而不想帮忙的人，就算多说一百次也不过是让人家再找一百次的借口。别像个怨妇似的抓着个人就大倒苦水，如果想要发泄可以找最好的朋友彻底谈一回。也是就一次，因为没人喜欢复读机。"这是他的人生经验。

  世界与我无关。这个"我"，包括我，也包括你。有时间指望着别人能停下来关心自己，给出个方法解决问题，或满足那些压在心底的小欲求……还不如学着平静心绪，自我关心，自己更坚强一点。

你没有自己想象的那么惨，你只是太敏感

我不是个十分敏感的人，不对，应该说十分不敏感。

曾有人喜欢我好几年，我一直把人家去性别化，弄得像自家的亲兄弟姐妹；也曾经有情敌在排练话剧时借着台词骂我，弄得下面一干人挤眉弄眼笑倒一片，结果我半点没听出来，也跟着别人笑得前俯后仰。吃毕业散伙饭的时候有无数个同学说我："你什么都好，就是有时很傻缺。"

对此我强烈反驳：Pay attention! 这是钝感，不是傻缺。

由于钝感，有时我会被别人说成冷漠。

初中毕业时听到这样惊悚的人格评论，真是吓了一大跳。女同学说我外表热情如火，其实内心冷若冰山。我当时心想，

冰山不是用来形容高贵冷艳的吗，比如小龙女什么的——可我显然不是啊。

我问她是怎么得出这个结论的。她诡秘地笑笑，以为我的着急与仓皇是因为伪装了这么多年被人一朝揭穿的窘迫。她说，其实她住得离我家很近，有好几次在街上都遇到我，但这么多次跟我打招呼，我从来没理睬过她。

我什么时候有不理她了，我怎么完全没印象呢？

虽然我有时在路上遇到个半熟不熟的人，恰好人家又没有看到我，我真的会装作什么都没看见默默地溜过去——因为我确实很懒又很怕麻烦，担心打了招呼又要绷起脸微笑，绷起微笑还要花时间来寒暄，但我还没有懒到失去做人的基本礼貌，特别是人家都站在面前跟我Say Hello了。

所以她跟我打招呼的时候，我一定是真的在看天，出神发呆漫无边际地想着一些漫无边际的事情。而且我近视，虽然不算太严重，但五米开外的人除了最亲近的人之外，我基本上无法凭借动作来识别了。

女同学说，我那时的反应让她心里挺难过的，一度怀疑自己是个不受欢迎的人。

我被这突如其来扣的帽子压得不能喘息，虽然万分委屈，嘴上也只能连连道歉。

不过，后来这种事情多了，我也习惯了，有的人就是这么敏感。

有个做心理咨询师的朋友，说这样敏感的人通常是因为自我价值感很低，特别需要爱和关注。他们敏感，所以善于发现并搜集事物的蛛丝马迹；他们多思，所以也很善于以小见大和无中生有。

朋友说这个心理过程很有意思：我感觉要受到伤害了，所以我先撤，因为这样我就可以保护好自己。他们假设了会被拒绝，于是在被拒绝之前，他会先拒绝别人。

通常这样的人说白了就是自我意识过剩，无论自己想什么，做什么，都希望别人马上能察觉，立刻能理解，并且给出积极和及时的回应。

有一对上情感修复节目的男女嘉宾，他们结婚三年，她觉得他不爱她了，常常一个人蹲在墙角流泪到天明。男嘉宾觉得好冤，说我怎么不爱你了，我不爱你能跟你结婚，不爱你能ID、IC、银行卡通通都给你密码？

台下笑场，主持人女嘉宾问："那你觉得他不爱你的表现是啥呢？"

女嘉宾也委屈："他在家陪我看电视，十回有八回打瞌睡；出去逛街试衣服，问他意见就只知道说你穿什么都好看，不用想就知道他在走神……"

男嘉宾惊愕："不说你好看，那你希望我怎么说？说你是个死肥婆？"

他是个地道的"码农"。每天在公司勤奋地写代码，脑子里飘荡的全是各种程序的命令，回到家累得要死，反应迟钝很正常。但他有时间真的都在陪着她，他不觉得那些"欧巴"有什么看点，尿点和困点倒是很多，所以常常在不知所云中梦周公。至于压马路购物，以他的审美确实给不出什么意见，因为他真的觉得每件都挺好的呀。

这样有什么错吗？他不明白她为什么觉得受到了伤害。见着她哭，大半时间不知道她在哭什么，他总觉得女人就是比较敏感，大概生理期又快到了，从来不曾想过，原来自己回答慢一拍也会让她失落，神经缺少感触也能走上离婚的道路。

主持人一针见血地对女嘉宾说："我认为你丈夫没变，他还是爱你，还是个朴素的男青年。问题是你，如果不能忍，为什么一开始要接受他？"

女人说不出来。

节目中的情感导师分析说，女人还是个心思细腻的姑娘，男人却不是那个还在恋爱状态的小伙——他的荷尔蒙已经正常了，不可能再像以前一样对已经变成老婆的女友那么敏感，因为他把她当成了日常生活的一部分。

  我们都会经历这个阶段。普通人不会特别在乎它，感到很正常，也就过去了。而特别敏感的人，这个细微的变化就会成为情变的节点。他们会觉得对方伤害了自己，人生惨淡无比，其实这时候别人并不知道发生了什么。

  所以，我们有时真不是自己太惨，而是心理太敏感。不仅仅是情感，生活里其他一些不如意的际遇也是如此。

  善感没什么不好。有颗善感的心能体察到人间很多细微的美丽，从而产生更丰富的情绪。但多愁善感就不好了。太敏感有点像严重过敏，人生处处都是过敏源，碰到点什么都觉得身体不适。

在不安分的世界,做不安分的自己

这是个最好的年代,也是个最疯狂的年代。

我极好的朋友Q刚辞掉银行的工作去读欧洲管理学院。问她为什么,答,想去游学两年——这真勇敢。实际上她辞掉的也不是她第一份工作,记得她上一份工作是电子芯片的销售,而她大学的专业是环境学——水专业。所以我对伊的评价一直是:技能诚可贵,自由价更高。

据她说,这是个贵族学校。

我从上到下打量了她一下:"那您申请成功了是为了说明啥?"

她的回答相当高冷:"Diversity。"

大致了解一下他们那群人的聊天内容,觉得这大概确实是个贵族学校。

有人说,我刚在巴黎的郊外租下的古堡自带赛马场,大家要不要周末来玩?

有人说,最近全球经济真低迷,去年才入账一百四十万——美金。立刻就有人回复,那还真是挺少的啊。

Q问:"您看我要不要省两个月零用买套Prada最新款装一装?"

我认真想了想这个问题,觉得还是歇了吧,其实无论她穿什么,从她在学校旁边合租公寓的行为,人家立刻就可以判断她的屌丝身份。

没多久,Q告诉我,她有个同学退学了。上海人。

那人曾试图结束自己的生命。他花了大价钱购买了一种稀有气体,吸入后不到三十秒,人就无痛无呼吸,面部表情也不会变狰狞,总之十分高级。听了以后,我的第一反应竟然是:"这都要炫富吗?"

Q说,那是个官二代。本来有点躁郁症,他老爸落了水,他的精神压力太大终于撑不过去了。两人对着话筒一阵唏嘘。

我们和世界上大多数人一样,身处在和平岁月,享受着从未有过的丰裕物质和顶尖科技带来的各种便利。不用担心吃不饱饭穿不暖衣，拥有着便捷的市政设施，同时接收着快速而过载的信息，甚至还能够期盼平均寿命的极大提升，以及越来越触手可及的民主与自由——这是最好的年代。

但同时，拜金世界观下的各种扭曲的生活态度、科技文明高度发展带来的各种负面因素、精神文明缺失造成的生命意义的集体失落感，以及近来越发激进的极端分子和恐怖势力，都在侵蚀着我们的幸福生活——这又是一个如此疯狂的年代。

世界变得太快，信息太混乱，不安、迷茫，大概是很多人都曾经或正在体验的感受。我和朋友一样，置身于这洪流中，时感无力。既不能适应，也无法改变，想要安静地做个淡淡的美少年或美中年真的太难了。就连走在大街上，最正常的出行，似乎都不能确定自己的安全。

去年二月同事去云南出差，回来没两三天，就发生了昆明火车站砍杀事件。大家围着他感叹："你走大运了！"

接着马航失联。一个师弟的新婚妻子不幸正好上了那架飞机，两人刚结婚就人鬼殊途。

夏天，埃博拉霍乱。几个被外派到西非工作的校友每天都在QQ群里乱叫："如果我们不幸挂了，拜托你们照顾我们的家人！"留在国内的人也是乱叫："我们周围也没见多安全，要是我们不幸中枪或坐公交车爆炸了，你们回来拿到巨额的出国补贴也要帮忙照顾我们的家人！"

看看，在世界平稳的大环境里，也不总是那么安静，也难以保证百分百的安全。期望着绝对的岁月静好一世安，显然并不客观。但我们总能自由去想象："还好，也没那么糟。"然后我们可以撑下去，遇到小事、大事、天下事时继续生活，这就是乐观和希望。

我之所以能跟Q保持那么多年友谊，都是由于她的好心态。

她不是一个安分而稳定的存在，她给自己找很多事儿：一会儿改行，一会儿读书，一会儿去做志愿者……总之非常能折腾。

她很能接受不断变化的社会环境，并且处之泰然。她能穿着几十块的淘宝棉麻衫和贵族同学上游艇嗨皮，一边看人身着比基尼使尽浑身解数逗小开们高兴，一边把劲爆的场景做成GIF放到微信上供我们娱乐。

她在印度遇上黑公交，差点贞洁不保，居然跑回来乐呵呵地说她得救了，印度人民真友好！我问她："你难道没有留下阴影吗，比如亲密恐惧症之类的？"她指着心脏的位置说："当然有，而且很严重。那天真被吓死了！但现在好多了。"

像她这样，挺好。在不安分的世界，做不安分的自己，并且，保持一颗相对安定的心。

别让拖延害了你

拖延症不是什么新事物，我所有的亲戚朋友身上几乎都有。

X说要考CPA说了很多次，却每回都拖着不肯去报名；T明明有一整本试卷还没动笔，却悠哉地和他的小女友在甜品店腻歪；而我呢，To Do List上列了八百个包罗万象的计划，涵盖了学习进修、休闲娱乐、世界旅行等各种领域，却总是和现在不靠谱的航班一样，一再晚点。

是的，我们都懒入骨髓没得治了。虽然"天空飘着七个字，一天到晚尽是事"，但我们仍是"泡着温泉看着表，舒服一秒是一秒"。太懒确实是拖延症大规模爆发的重要原因，但应该不是最重要的原因。我不是在为自己开脱，因为我有KK这个最好的证明。

KK是我导师高先生手下的男博,也是学院里唯一既没有怀孕,也没有休学,却读了快七年才毕业的博士。七年,也是醉了。这漫长岁月导致高先生在学院里的面子都丢大发了,说到他就气不打一处来。

其实KK一点都不笨。想想看,能直接本硕博连读,导师还是高先生,资质必定是很不错的。只是他在写论文这条道路上,有着非比寻常的拖延精神,才令开题晚了一学期又一学期。

延毕三年,这家伙得懒成什么样啊?

其实KK一点都不懒,相反他是高先生男博中最勤奋的一个:每天早晨天不亮就起床,上网看英文文献,八点钟吃完早饭驱车——当然是自行车——去图书馆查资料,下午在研究室待到晚上才走。期间帮高先生完成了无数的教学PPT、项目CAD,还有策划得很经典的课题。在高先生获得全国教学奖这件事上,实在是功不可没。

KK聚萤积雪、刺股读书,独独对篇十万字的论文一拖再拖。又有人要问,难道他就不排排时间计划表吗?他当然排了!这张表详细地写上了所有的重要结点:第一年六月开题,第二年一月完成初稿,三月完成二稿,五月定稿……如果每个结点都能按时完成，那么就是四年毕业也完全可行。然而我们又知道，但凡是计划，能完成百分之三十已经相当不错了，何况KK会把两个结点之间的间隔延长到离谱的程度。

说到写论文，具体操作过程是这样的：只要论文有新进展，我们都要先给高先生过目，让他指导一番。之后，按照他的意见再修改。然而KK呢，和高先生约了以后，则会找各种理由把这个时间往后推一推，然后再推一推。结果积少成多、滴水穿石，就这么推了三年……

推迟的代价是惨烈的。这三年除了把青春推成皱纹，顺便还把自己的女朋友推成了别人的老婆。

"防火、防盗、防师兄"，所以KK的女友是小他两届的师妹。师妹读硕，如果时间合适，两人正好一起毕业。但由于KK拖得太久，师妹都在国贸工作了，他还在北四环吃食堂。

师妹问他："我们结婚吧？"

KK回答："又没房子又没车，结哪门子婚啊。"

师妹怒了："那你就快点毕业去挣钱啊，还真想建筑十年、激情一生吗？"

KK猛点头："业，是一定要毕的！婚，也是一定要结的！"

壮志豪情的结果是他还是没有毕业。师妹很绝望，和他分

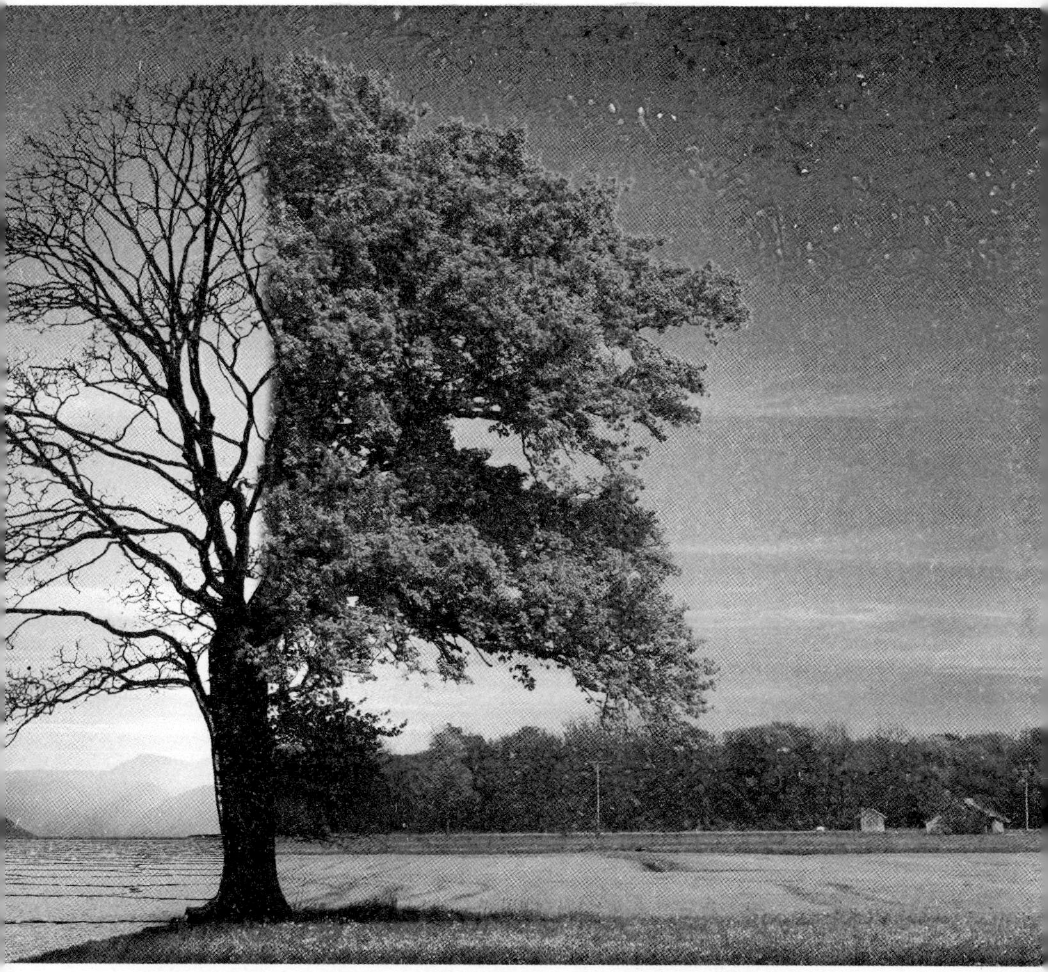

手后立刻嫁了工作时认识的客户。KK非常难过，但为时已晚。他说，不是没想过会是这种结果……既然早已预见，为什么就不能为了爱情克服拖延？

事实上，每一次，当KK定下和导师高先生讨论的时间节点，最初都是很轻松的，因为一般有三十天的间隔。初期他会很努力看文献、查资料，但随着时间越来越近，他就开始越来越焦虑。有时候焦虑到手足无措，还得吃安眠药才能入睡。然而越是焦虑，他就越写不出东西，最后往往到见面的前一天文档还是空白的。这时他只好弱弱地打着白旗向导师求援："爷，要不咱改个时间？"

然而，我不是很明白，因为高先生的好脾气全院闻名，就是我们把论文写成了一坨屎，他也会慈眉善目地帮我们梳理脉络修正文字，所以他不应该焦虑啊。

很久以后，我又认识了很多人，刷了很多微博，读了很多闲书，再想起KK时，终于拐弯抹角地得出了结论——就是前头我说的，导致拖延的终极原因——不确定。

对于KK，那些时间节点与其说是让他完成某项工作的闹钟，不如说是一种特殊的保护膜，让他可以暂时待在"现在"的维度不去思考将来。这个时间到来前，他感到安全并能很从容地生活。而随着时间不断推进，这层保护膜越来越弱，未来将要揭开神秘的面纱，所以他开始焦虑。反过来，这种焦虑又促使他去把这个时间点顺延下去，以获得新的安全感。

KK不懒，他对论文做的准备可以用万全来形容，他的文献搜集和读书笔记也都作为历届硕博的范本。所以我猜，他的拖延除开一点点的完美主义，主要是因为太焦虑了。也许他只是不确定假如按时去跟导师讨论会发生什么——自己之前的工作会被全盘否定吗？导师会提很难搞的要求吗？初定的选题会面临从根本上修改一下的命运吗？会吗？会吗？在未来抵达之前，这些答案总是不确定。而这样的不确定，就像躲在暗处窥探并伺机偷袭的劫匪，使身在明处的KK陷入巨大的恐惧之中。

据说，这也是人类的一种心理保护机制。我们的神经结构需要确定的对象，对应的反射弧才能顺利形成。而不确定等同于无对象，因此神经没办法对此做出反应。为了保护反射的结构，神经只能自我攻击。

为了摆脱这种束手无策，人类曾求助于神学、科学还有哲学。这第一种对KK是无效的，因为他是无神论者；第二种被证明是没用的，因为"测不准原理"；而第三种，我想，KK显然也没涉猎过，否则怎么会读个博士读了七年呢？

关于是不是要克服拖延，如果是第一种原因，也就是懒造成的，那就只能靠自我督促来改善，方法很多，例如跟朋友或家人对赌，等你几次下来把钱包输空之后，你的拖延症一般会得到很好的改善，这是我身边无数学霸校友的亲身经验谈。

如果是第二种原因，建议大家都好好地去对待这个问题。不能控制对不确定性的焦虑，不仅仅会导致拖延，也许还会导致毁三观的各种症发生，比如成功恐惧症、金钱恐惧症、爱无能症……

PART 2
虽然没有成为想象中的自己，但真的没关系

把眼泪装在心上，会开出勇敢的花，可以在疲惫的时光，闭上眼睛闻到一种芬芳。

想变成苹果，最后却长成了倭瓜

《爱情公寓》里，曾小贤劝张伟不要娶默默，是这样说的："你本来想要的是苹果，结果弄回来一倭瓜！"

倭瓜是游戏植物大战僵尸里最猥琐的一种NPC。不过我们要面临的问题，不是娶一个倭瓜回家，而是自己变成了倭瓜。

开始的时候，谁也不想这样。都想变成一个艳冠天下，举世无双，各方面都出类拔萃的人，让自己荣耀，让父母骄傲，让他人嫉妒，成为别人眼中的传说。

可长着长着，莫名其妙地就跑偏了，你并没有变成你想成为的那个人。某天清晨起床照镜子，望着里面自己的脸，你对现实出离愤怒了："我怎么会变成这样！"愤怒之后还得拉过一只无名无牌挎包，匆匆赶地铁去。上班打考勤，迟到三分钟月底扣五十。

C'estlavie——"这就是生活"。

六岁那年,我刚上小学,幻想着成为霍金。大院另一边的何大念十岁,三年级,幻想着成为孔令辉或王励勤,其实当时王励勤还没有出名呢。

我花了几块钱从街对面的书摊弄来两本《十万个为什么》天天在家里研究,好像明天就能搞出惊世的成果似的。大念呢,比我靠谱一点,他长手长脚动作又灵活,被一教练相中送进了体校,天天对着乒乓球台,球技早就称霸了附近若干居民区。奥运会那会儿,大念带着我们一起看国球,解说比电视里的解说员都精彩,弄得大家很崇拜。

初中毕业,我已经不想做霍金了。梦想变得低俗了一些,我要做总裁,霸道总裁!于是在家里看各种商界奇人的传记,当然也没少看金融类港剧电影。大念比我能坚持,还在体校打球,他心匪石,不可转也。球技也比以前大为长进,在乒乓球方面已经完全脱离了低级趣味。但是当年一起长大的我们已经不再崇拜他——谁没事儿会去跟每天训练八小时以上并且坚定地认为自己就是日后刘国梁接班人的体特生较劲儿呢。

我在为了高考拼命,大念在为了选拔拼命。体校每半年都会有一次比赛,择优送到市队,然后是省队,最后是国家队。

这是大多数职业运动员最理想的晋级之路。大念大概属于那种开局很猛后劲不足的人吧，进入市队后，比赛成绩就一直很差，连续两年都没能更进一步。年纪越来越大，身体状态越来越不佳，终于我毕业了，他也出事了。

也不是什么大事。就是他强行训练，不小心手骨折了，左手。但也可以说问题很大，因为他是左撇子。骨折嘛，养个几个月就好了，不过这几个月的缺席又让他错过了第三次选拔赛。等他痊愈归队时，在新人辈出的市队里，已经没有他的位置了。教练对他说："大念，你是老队员，很优秀，经验也很丰富，但你这个年龄想要进省队会很困难了。"

大念怎么也没想到会变成这样，哭了。

"没办法啊。他们更高、更壮、更灵活，领会动作也更好更快。"无奈沦为陪练的大念这么说。再也没办法走向更高的平台，重现孔令辉或王励勤的传奇了，只能把剩下的一点力量奉献给新秀们，让他们成长。他很低落，十分低落。

想要变成苹果，最后长成了倭瓜。

新年，我们到大念家串门。他不在，何叔叔说他到马岛散心去了。

很难过吧。

这种情况不是考试考差、申留不顺或在公司不如意，可以重来可以修补的。他是永远不可能作为参赛者，参加更高规格的比赛了。

大念旅游回来时，我已经回到了北京。在网上我问他心情怎么样。

他回答，已经平静了很多。在大海边看蓝天，觉得人生真是短暂。还"中奖"遇上了一场海啸，在旅馆里待了七天。

我说，然后呢？

他说，然后觉得没事了又继续去海边散步。唉，那边的物价真便宜，海鲜也好吃。

我说，你这个思维有点跳跃啊。

大念打了一个龇牙的符号，我就是在想，为什么有的地方东西很贵，有的地方很便宜，大家都是人，说起来都不差，但又真的差很多。出生啊，命运啊，你以为能够掌握，其实大部分都无法掌控。

我在屏幕前频频点头，你说的好有哲理！

应该还是会觉得很遗憾吧。但遗憾就遗憾吧，遗憾也不能阻止我们继续用力地生活，穿山越岭，寻找幸福。

申留失败那年我回家休养，大念已经从球队退役了。他回家在业余体校做教练，还开了家体育用品专卖店，同时挂上了淘宝。见面时，我面如死灰，他红光满面。

我说，你过得不错。

他说，必须地。

我问，不再难过参加不了奥运了？

他回答，没办法，天要下雨娘要嫁人，随它去吧。

嗯，都随它去吧。

小时候想做科学家、艺术家或者总统，长大了发现自己只能在办公室做小弟，在大街上卖手机或者在风雨里送快递。小时候觉得长大后的自己应该绝代风华、貌美如花，长大了才发现，撑死了也就是一个倭瓜。

为什么如此努力，还是成为不了想成为的自己？

为什么如此努力，还是不能和光芒四射发生关系？

是上帝写错了剧情，还是我们不够幸运？

这样就要垂头丧气吗？

世界不是你的，事物是不以你的意志为转移的。大念说，有的事情你真的没法做到，但不意味着你就失败了。周董说，追不到的梦想，换个梦想不就得了。

即使是倭瓜，在游戏里不还有戏份吗？我想，如果我们真的变成了倭瓜，就好好地做一个倭瓜，正如对于开头曾小贤说的，张伟反驳道："倭瓜不是比苹果还值钱吗？"

学会接受人生的不完美

以前每次路过央视的总部大楼都会驻足观望三分钟,心里暗想,待我留学归来,我也能盖出这么牛气的房子。

时光倒回五年前,我还在大学,"享受"最后一年的大学生活。

我几乎每天晚上守在电脑面前,焦急地等待申请学校的结果。当时我申请了哈佛的设计学院,如果能拿到全奖,我将在九月赴美。

那是我梦想中完美生活的开端:年轻有为,少年得意。

哈佛的回信抵达我的邮箱是在一月的深夜,舍友都睡着了,房间里时不时响起鼾声。

那封邮件我读了很多遍,一个字都没有错过,他们只给了我半奖，也就是说我还需要每年支付三万美金的学费。得到这个Offer，很多人都会手舞足蹈，但我哭了——以我的家庭条件，怎么可能承担得起？我摸索着爬上床，用被子堵住眼泪。

和想象差得太远了。

因为没有拿到梦想中学校的全额奖学金就自暴自弃，到了神经衰弱，甚至抑郁的地步，对此有人可能无法想象。但我真的如此。这个结果意味着之前种种的努力全部成为泡影，我设想的精致而完美的生活好像多米诺骨牌，还没开头就已结束。

我失眠反胃，什么都不想做。每个有课的早晨，对我来说都是噩梦。那一年北京下了大雪，天空蔚蓝，我望着明晃晃的太阳，却感觉生无可恋。抑郁症最严重时，我打开英文书，看了半天，除了冠词之外竟然什么都不认识。我忽然觉得恐惧至极。

折腾了两个月，我去找了心理医生。在候诊室等号时，旁边坐着个女的。她的眼珠不会转动，一直呆呆地看着前方。原来她是计算机系的博士生，可读了六年就是没法毕业，所有考研成功的骄傲都被岁月一点一点磨成了自卑，她甚至试过轻生。这是个特别悲伤的故事。然后护士叫了我，我和女博士结束了第一次也是最后一次谈话。

我的个案不算特别,这个学校里有很多人不能接受人生有一点儿不完美,因为他们之前的人生太过"完美"。从河南考来的状元,上了大学之后再没得过第一名,于是从六楼跳了下去。还有个女生,对喜欢的男生表白了三次被拒,最后她站在男生楼下大吼,你如果不能和我在一起,我活着也没有意义。我陷在沙发里得意扬扬,原来不止我一个人有病。

医生问我,你为什么觉得这世界每时每刻都该如你所愿呢?我的眼泪一颗一颗掉下来。我说,因为我每时每刻都在努力啊。在申留这件事上,整个学院没有一个人能比我投入。

之后,因为抑郁症我只好休学。

我仍不能接受这个结果,因为我为它付出了太多。我无数次地自习到深夜,不停地做题,把学绩弄到第一;我无数次地熬夜实习吃煎饼,为了得到大佬的推荐信。我总是在私密博客里写,因为心中有太阳,未来总会光芒万丈。我比谁都要努力,为什么不能给我一封让人满意的回信?甚至连顺利毕业也没有做到,落魄成了这样。

在家休养的时候,我和父母去参加了一场葬礼。我的表哥阿俊死了,他刚过完二十六岁的生日。全家对他的死亡早有预料,可是舅妈还是哭得晕过去好几次。

如果真的有造物主,那阿俊一定是被愚弄的产物。他一岁时被舅舅带去看了一场烟火，谁都没有想到他因此受了刺激以致脑部血管发生破裂。医院说就算手术，他以后也不能做回正常的孩子，他的智力和运动神经已经受到了严重的损伤。虽然阿俊不正常，甚至没有基本的生活能力，但舅舅和舅妈还是给了他所有能给的爱，舅妈还专门辞了职在家照顾他。

我同情舅舅一家，因为阿俊，他们生活得太辛苦。

父亲望着哭得肝肠寸断的舅妈，对我说："阿俊不是个完美的孩子，但是没有关系。你舅舅和舅妈早就接受了他的瑕疵。在他们心里，阿俊仍然是他们独一无二的宝贝。"我愣了一下，心里一动，"其实我们做父母的，只是希望你们好好的。"

只是希望你们好好的。不用出人头地，不用完美无缺，不用无与伦比，不用震古烁今。只是希望你们对着朝阳微笑，和恋人拥抱，与朋友吵闹，回到家里伸一个懒腰。

当天晚上，我没有睡着。

我曾以为我最能让父母高兴和骄傲的是我的优秀。可那天我突然明白，这些都不重要：你所有的不好、短处、缺点和你所有的好、长处、优点一样，在他们的心里都无比重要，他们爱你，完整的你。所以你为什么不能接受你的失败和不如意？

后来我延毕了。

在延期的时间里,我到了一家小公司实习。没有洋文凭,也没有代表作。我当时的实习工资很少,不过我还是尽最大的努力去当好小弟。有时我做的设计会被老板骂没意思,沮丧是难免的。我也常常和同事背着老板骂他鸡蛋里挑骨头。其实,那个老板很有理想。他的理想是做中国纯艺术的建筑。不过,不走商业路线的设计公司根本发不起工资。于是,他只好开了餐馆来补贴,后来他的餐馆变成了拥有五家分店的知名连锁企业。

他说这叫曲线救国。为了维持他的设计公司,他和人开过团购网站,做过淘宝店,也曾经经历过惨重的失败。后来,他拿了个青年建筑师的奖,于是把我们所有人都拉去听他的获奖感言。他说:"我对我的作品很满意,这不是说它很完美。世界上没有完美的人生,也没有完美的建筑。一个方案就算修改一千次还是能找到问题,所以我在做项目的时候,不会去纠结这么多。"我在台下觉得好有道理,原来这个家伙还能说出这么富有哲理的话。

谁都希望生活一帆风顺、人生一片坦途或一马平川。不过遗憾的是,你的希望不是上帝做事的标准。如果路上真的没有碧海蓝天,没有鸟语花香,也没有流光溢彩,不管你流多少眼泪,爆多少粗口,或有多少次想过放弃生命,到最后,无论如何你还是必须去接受它。

这一课，有人轻松结业，而有人却迟迟难以理解。

你可以应许自己逃避一会儿：找一万个人来听你吐槽，找一块空地破口大骂一万次，或拉几个哥们儿从周一到周日都陪你酩酊大醉，也可以花光所有的积蓄来一次说走就走的旅行。

你可以这样一阵子，但不可以让自己逃避一辈子——如果你还想有一辈子的话。

所谓文凭，真没那么重要

我高考的时候人品大爆发，乘风破浪地冲上了历史最高点——比模拟考试高了一百分左右。拿到通知书时，我惊呆了，爸妈乐疯了，老师差点摇旗呐喊了。所以在这里谈这个问题好像有点不合适，但我只是在白猪的婚礼上想到一个事儿，让我很感慨高考过去那么多年，居然一直没忘。

白猪和上任女友分手是在大二，原因是姑娘有名校情结，始终不能不介意他的非重点学历。刚分手时，白猪很难过，破口大骂前女友庸俗，而后又特别惆怅地问我："要是当初我考上你们大学，今天是不是一切都不一样了？"

我说："你真是想多了，要是考个试就能一劳永逸，那你说，我失恋又是为什么？"

某种程度上,高考应该是我们国家相对公平的一类考试。我有很多来自农村或是城市低保户的大学同学,他们真的靠这个考试改变了自己和家庭的命运。就像饭饭说的,当年要是少两分,现在他的孩子都该有三个了。作为他们中的一员,也是这个制度的受益者,我感谢它给我机会到更大的舞台接触更优质的资源。

但这只是很多机会中的一个,这只是通向美好明天的一种途径。假如一个学生在高考中没有得偿所愿,他下一步会怎么办?难过是一定的。如果不难过,只能证明从没努力过。

例如我们高中时班里的某个尖子生,但凡考试他准出不了前三,是老师心中的种子选手,最后自觉"马失前蹄"去了浙大,之后三年的同学会他都没有出现过。直到他研究生保送进了北大,才再一次露面。他说,大一走在西湖边,恨不得跳下去,当时感觉什么都完了。

嗯,这是应对的其中一种方式:虽然时间过去,但依然要去弥补当年的遗憾。类似的解决方式为,复读,不断复读,直到抵达Dream School;或者用更好的学校来替代它,来证明自己并非无能。

说回被分手的白猪。当初他在学校里也算优等生,我用这个"也"字是因为他人很聪明，平时分数都不错，是著名的难点破解器。但很不幸的是他在考试方面有障碍，一遇到重要考试大脑就像电影跳帧般空白，而高考也不出所料地挂掉了。

这种心理障碍，不是短时间内能克服的。白猪感觉自己即便再复读一年，最后极有可能还是这个结果，于是他认命地去了一所很普通的大学。

那学校普通归普通，倒也并非一无是处，至少有两点让大家十分羡慕：第一，妹子好多！白猪作为班里仅有的几名男生之一，长得不怎么样还能被倒追；第二，考试很水！要是愿意，完全可以整个四年躲在宿舍里爱干什么干什么。

关于大学生的生活内容都差不多，无非是逃课、恋爱、打游戏。奋发图强和自甘堕落一样，一旦开始，收都收不住。但令大伙惊讶的是，白猪在声色犬马的环境中，竟然属于前者！特别到了大学，净是些论文和小测验，没有了所谓的"重大考试"，所以他的GPA十分轻松地混到了年级第一。对此，他是这么总结的："我只是考试障碍，又不是智力障碍。"

也许有人会说，这种大学的第一有什么可骄傲的。嗯，虽然其含金量是不比TOP 3的第一，也不能写成炫耀贴发到论坛上，但白猪好歹也因此去波士顿交换了一年，有了域外的谈资，更重要的是认识了他的学霸老婆。

白猪的老婆大他两岁，本科也不是毕业于国内的名校。她的不幸在于虽然数学成绩十分了得，但其他科烂得一塌糊涂。搞竞赛没搞出名堂，高考又很失败，最后只能出国。但出国后，她还是读了数学系，并且成为了该系学霸，直到现在。

白猪跟她相见恨晚，由于爱情的刺激回国后变身超体，一门心思地往波士顿奔。好在，申请的过程十分顺利，据说闪亮的成绩单和死皮赖脸要到的牛导推荐信都颇有效力。我挺纳闷的，出国不也得考GRE、托福，而他不是有考试障碍吗？他十分得意："是呀，就是因为考试障碍，所以我托福考了三次才刚好达标，一分也没多哦。"确实，现在很少有什么东西会像高考那样，不仅需要三年磨一剑，而且一锤就定音。

然后白猪去了波士顿，虽然那个研究生院我闻所未闻。他回来跟我们吹牛，说尽管学校名不见经传，但导师却是极好的。此言非虚，两年毕业，他竟然到华尔街的证券公司工作了。这是多么难以置信的神奇历险！——尽管美国的经济一再萎靡，但华尔街三个字，对我们而言，依然是个顶礼膜拜的存在。

白猪的生活继续着：他回国了，在招商银行工作；他结婚了，老婆破格做了某大的副教授；他张罗着给女同学们介绍对象，都是显贵才俊……再谈到高考的时候，他那么从容淡然。

对某些刚进去大学或刚走出大学的人而言，十几二十年生命尚短，接触世界的范围很窄，可能真心觉得蹚不过去这个坎，就得掉到沟里头。但人是不会死在里面的，除非你自己愿意在里面待着，白猪不就是个很好的例子吗？世界上有乔布斯、有韩寒，还有很多不是通过这条途径而找到人生意义的人，他们都说明，不是错过了这个机会，就输掉了整个世界。

没有入过世,凭哪门子出世

七月,又是大批新人入职的时节。

项目组来了个刚从英国回来的男生,杨致铭。他刚报出姓名时,我们都笑了,问是不是《志明与春娇》里那个志明。小家伙有点不高兴,说你们还是叫我Eddie吧。王大插了一句嘴,"Eddie? Edison?"

我们又一通哄笑。

Eddie高高瘦瘦,鼻梁上挂着一副黑框眼镜,看着蛮顺眼的。家境不错,不然也去不了英国。人蛮直爽,也幽默,所以相处起来还算愉快。要说有什么不好,就是这家伙浑身上下弥漫着一股七老八十、看破红尘、天外飞仙的味道。

新人嘛,如果不是特殊情况,一般不会被压上太多的活。

头三个月通常可以很爽地自由安排。于是Eddie君就成天坐在自己的位置上看看杂志上上网，也不像我们刚工作那会儿，虽然什么都不会，却恨不得可以揽下所有任务。

他毫无存在感，只是偶尔会从我们这些"油条"面前飘过，对着屏幕上的图纸喃喃自语，It is not good。嗯，真是个"淡淡的"少年。王大听了我的总结，愤怒地大吼："什么淡淡的少年，根本就是扯淡的不靠谱少年！"啊……不说我都快忘记Eddie在王大项目里"精彩"的表现了。

起因是王大手上有个正在进行的投标，缺人手，想来想去把Eddie编进了队伍。当时老王说，好歹这个Edison吃过洋墨水，又在大牌事务所里实习过一年，怎么着也得为设计概念添砖加瓦吧。

他倒好，大概是"淡淡"惯了，延续了打酱油的风格。整个一男版的贞子，每天晃过来又晃过去，在项目组里毫无建树。那倒算了，毕竟是新人，大家也能原谅他的贡献有限。让人不能忍的是，方案评审时王大为了尽快让新人融入工作，问他对现有的几个备选方案有什么看法。Eddie很诚实地对几个不同的方案给出了同样的反馈：哦，我觉得这个不行呢。

他说完后，会议室里一片静默。作为设计师，我非常能够理解这种情况，假如其中有个方案是我做的，我也必然会暴

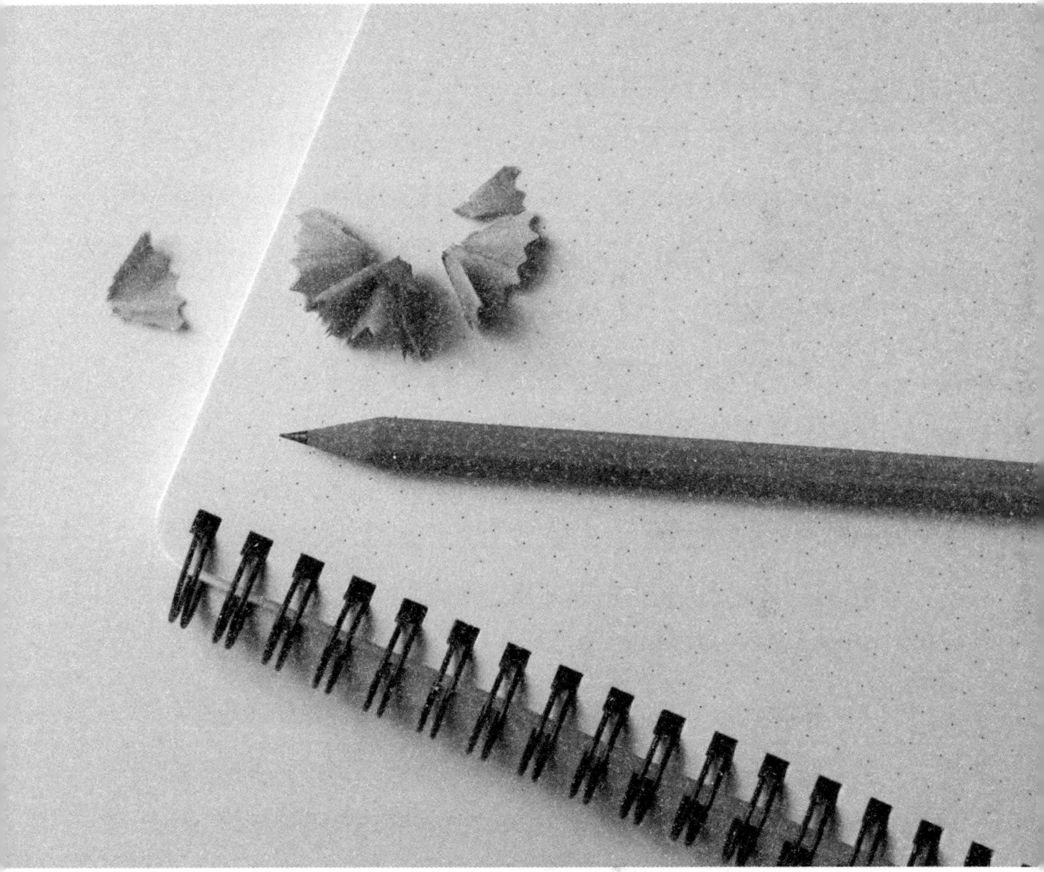

走:"你行你上!"王大心理够强大,继续微笑着问:"那你觉得怎么优化比较好呢?"Eddie不怕死又不耐烦:"我感觉从根本上都跑偏了,没法改啊。"

于是王大说,既然这样,你也来做个概念方案吧。

第二次评审我也去了。

客观地说,能看出Eddie的方案构想还是挺有创意的,不过表达得很浅显又片面,仿佛勾了条超模的S线,却完全没细节。由于过于天马行空,所以没有可行性。基于上次Eddie君的"口不留情",这次他刚报告完方案就立刻被批得一无是处,有个年轻的设计师甚至飙出高音:咱们这可不是学生作业哦!淡淡的Eddie淡淡地舌战群儒。

当然,令王大勃然大怒的不是他拿出的方案不合适,而是他在方案被毙后的态度:不仅更加自由散漫,而且极不配合团队协作。分到他手上的任务不是迟交就是少做,弄得他人也不能按时完成工作,完全没有一点职场人的敬业精神。

训过好多次,Eddie气定神闲并且死不悔改。如果有权利开了他,王大肯定会毫不犹豫地让他卷铺盖走人。可惜他没有,只好在吃饭时哀叹:"真不知现在的年轻人都是怎么想的?这么淡定,好像不用学习什么都知道似的。"我也很好奇,这个Eddie是怎么想的哦?

一旦对某个人产生好奇，就控制不住去和这个人说话的欲望。大约是有在英企工作的经历，我和Eddie确实比组里的其他人更聊得来。稍微熟悉后，我要求答疑。

我的问题是："你为什么那么不合作？"

Eddie说："因为他们都很土啊，连我的方案都看不懂。"而且他觉得既然关系都那么僵了，也没有必要去粉饰，他感觉没必要在一群不和他同一Level上的人身上浪费时间。

我不是很懂："就算他们不明白你的理念，你可以解释啊。画几张分析图再多试几次，说不定就成了，而且之前你的方案确实有点不合实际……"

"我的工程经验少，方案不合实际也很合理啊。"Eddie打了个呵欠，很无所谓的样子。眨眨眼睛好像洞悉一切，掌握了这个行业的最高奥义，"我觉得不用再试了，连我在设计里表达的意思都理解不了，可见他们的水平。这样的团队能做出什么好方案，还好意思去做国际投标。"他甚至遗憾地表示："说真的，以他们目前的思路铁定没戏。"

说完Eddie转身回到座位，打开了个全英文的页面，从背后看真是超凡出世啊。我目瞪口呆，90后都是这么傲娇的吗？

不久，投标的结果出来了，是喜讯。王大力克强敌拿下了投标。小组沉浸在一片欢乐的氛围中，唯一不爽的，大概只有

Eddie。他很震惊，又很不服气，完全不能理解这个结果：居然PK掉几家著名的外企，这是什么情况？喝酒时王大特地朝他扫了一眼，好像在说："即使我是土鳖，那也是土鳖里的战斗鳖。"

这事令Eddie深受打击，变得很惶惑外加有点弱气。在走廊上遇到老王时，眼神也一直躲闪。为什么呀为什么？这下轮到他问我了，一脸的垂头丧气。

"王大虽然不是海龟，也没去过什么著名事务所，但有无数失败的经验。"Eddie十分迷茫，就像卡机的iPhone。

于是我极具人性地给他讲了讲王大的故事："王大是整个公司的投标王，加上今年，他专攻投标已经快八年了。"

"你是说他很有背景？"他又自以为看穿了。

"王大来公司的第一年，很猛，做了十五个投标，没一个中的。领导都觉得这个人设计做得不行，要派他去做配合工作。"

Eddie的得意劲儿又回来了："你看我说什么来着……"

我无奈地打断他："但王大不干，坚持要留下来投标。他很拼，不停做，继续做，一直做。人家一个投标最多做三个对比方案，他呢，一下端出十个来，还个个都不重样。领导一看就很烦，哪有这狂轰滥炸的，让他就讲一个方案行了。结果讲完后，王大每天都缠着领导挨个挨个地给解释灵感啊概念啊，弄得领导没法说不。"

"切，这不是题海战术吗……"Eddie有点惊讶，但还是给出负面评价。

我说是啊，这就是题海战术，不过这不是重点哦。重点是他已修成正果，在某些类型的项目上分寸拿捏得极准，已经是咱们这个区域的"陆地飞仙"啦。

自己不认同的人受到了别人广泛的认同，心情肯定很不好受。仿佛长期飘在云端的人一下被拉到了现实，跌得满头是包。

我有些同情这个已经无法淡定的少年，便多说了几句老人家的经验："不要觉得自己已经看透这个行业或这个世界，很多东西不是稍微努力而是要拼了命才可能有所了解的，而且不可能是全解。"

真的不知道他是怎么能作为一只新入行的菜鸟，就能摆出一副淡淡的"全知境界"。做了几个设计，参加过几次评审，就认定了自己特牛别人不行，好像跟他们待在一起他都是大腕儿级。这太不科学也太不合理，所以最后必然失望，只能在旁边看着别人欢天喜地。

讲这些时，我忽然想起一部电视剧，《纸婚》。里面有一段剧情令我很想为Eddie演一遍：

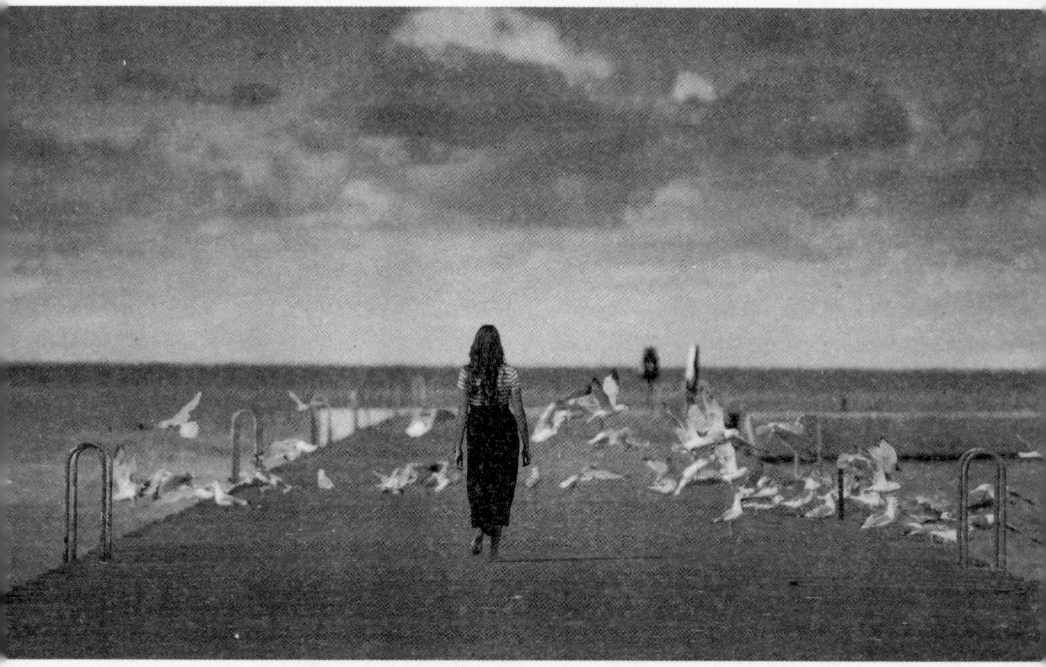

男主角拿着戒指追到前女友下榻的酒店，看见她待在另一个男人的雨伞下面，那男人旁边停着一辆宝马。他觉得自己什么都明白了，于是默默地退场。

多年以后，两人再次相遇，回溯起这段记忆，男主角自以为是地说："其实当年我是带着戒指去的，但是我知道就算我去求婚也会失败，因为我给不了你想要的东西。所以我放手了。"听起来还蛮伟大的。

可前女友却冷笑着说："懦夫！你都没有出现凭什么觉得会失败。我是爱钱，但那天只要你出现在我面前，我会毫不犹豫地跟你走。正因为你没有出现，我才不得不选择钱。"

找好了全套理由，重复过二十一遍，连自己都相信了之所以不去努力，是因为已经看透了结果，所以知道放弃才是最好的选择——自以为是并自鸣得意着。

然而，方案被不被人接受，总要做出来了才能知道；水平是不是比别人高，总要多轮PK赢了才能肯定；最后有没有扭转乾坤的能力，总要一次又一次地涅槃过才有信心。

可是做都没有做过，也不曾付出努力，凭什么淡定地觉得自己会胜利？张嘉佳的睡前故事里有一个老太太痛骂儿子不敢去追回女友的话说得很好，她说："你们这些年轻人，没有入世就自以为出世，是懒惰，是贪图安逸，是一群没见过世面的土狗！"

老王是摸爬滚打爬到过山顶上的人。如果有一天他告诉我，上面啥风景都没有，我要下来了。我会信并且拍手叫好。但是Eddie，你才刚到山脚下，连半山腰都没上过呢，就开始往下走还边走边说，上面啥风景都没有。我一毛钱都不信，我只会觉得你是根本爬不上去。

每个人要爬的山都不同，但一定都是条艰辛的路，往下俯瞰到底是山花云海还是一堆垃圾，都只有到了再说。你真以为你开了天眼，能提前预知吗？别做梦了。

不能接受自己，何以拥抱人生

不能接受自己的人挺悲剧的。

有人因此想不开，其中有的原因大家可能都认为不成原因。比如因为自己不好看，没有考到第一名，爱上了一个不该爱的人，四十岁之前没有坐上第一把交椅……

也有人虽然没到寻死的地步，证明自我厌恶的程度没那么严重，但还是可以想象，一定过得不怎么样。道理不用说，连自己都不能接受的人，怎么会去开心地接受生活的不完美。

自我厌恶的人通常都不会跟别人说，所谓家丑不能外扬，这是中国人的面子。所以可能你身边一片喜洋洋，好像谁对自己的认同感都很高，但却极有可能是假象。因为我曾经就相当自我厌恶，我中学同学毛丹也是。

讲到毛丹,我对她有个迷思。初中她是个挺胖的姑娘,爱说爱笑还很野,一玩儿起来翻墙爬树什么都敢。可到了高中毕业时,她莫名其妙地变成了一根竹竿,性格也搞得十分端肃,跟谁都很有距离感。

和同学讨论起来,都觉得她这是发生青春期的突变了。就跟男生某天长出喉结、女生某天用上姨妈巾一样,虽然她这转型有点全面且强大。后来毛丹去了加拿大,一度跟我们失去了联系,直到去年她顺利拿到了绿卡,回国主动张罗着同学聚会,我才又看到她。奇怪的是,她的体重又逆袭了。逆袭的还有,那特别生龙活虎的野妹子的劲儿。

我心想,难道当年她只是被青春撞了一下,闪了腰吗?

后来喝开了,我们趁着劲头揶揄她,这个资本主义果然是滋润啊,你是多讨厌中餐,高中时才把自己折腾成那样啊?谁知这一问把毛丹给弄沉默了,还挺尴尬的。我正想发挥岔开话题的强项呢,毛丹开口了:"我那个时候,得了厌食症。"

厌食症!毛丹?我和小伙伴们都惊呆了。

"你怎么惹上这富贵病的?"有人叫起来。

毛丹就开始跟我们讲故事了:

初一时她成绩还挺不错的,但到二年级数学就慢慢不行了。中考差了好几分,家里交了三万块的"择校费"才勉强挤进高中部——忘了说，我们中学是省重点，全国闻名，每年上清华北大的都得有几十个——她心里本来就有点自卑，加上入学头几天模拟考试的连番打击，在那个以分数论英雄的年代，更感觉自己是个没用的人。

"在学校没有存在感，在家里总被说不争气。"于是毛丹渐渐地就变得不怎么爱说话，也不怎么爱玩笑了。"你们都觉得我变木了吧？"回想一下，还真是。虽然我没发现她转变的过程，但班里所有人都知道她的无趣和无语很无敌。

然后……然后大家就携手走进了懵懂的恋爱时节。

当然了，高中还不能光明正大地恋爱，不过越是偷偷摸摸的越让人心痒难耐。这时，我很不识趣地打断了毛丹："你还早恋过！"原来还有这么多未发掘的八卦。毛丹答："重点不在是不是早恋了，而是已经有了那样的心思。"

她喜欢上了我们的数学课代表，她的同桌，也是最不厌其烦给她讲解题步骤的男生。她以为他对她是有一点特别的。结果，她听到他哥们儿问他，有没有喜欢她。紧张万分和无比期待的结果是数学课代表义正词严地反驳："我怎么可能喜欢成绩那么烂的死肥婆！"

他原本应该没有恶意的吧。少年时的我们怎么可能故意去伤害别人呢？可毛丹还是受伤了。她觉得自己真的是个死肥婆。然后她开始无休无止地节食，无节制地跑步，买各种减肥产品在自己身上做试验。

"有时候太饿了，我也会吃一点，可是吃完马上就无比愧疚。立刻躲到厕所里抠喉呕吐……"我几乎也要吐了，听起来太血腥又太惨烈了。后来她真的瘦了，变得很瘦很瘦，穿上最小码的裤子都嫌大。

不过，这可不是个减肥成功的励志故事。毛丹的胃萎缩了，没有食欲，精神也变得极差。某天做作业时晕了过去，到医院检查才知道患上了神经性厌食症。"高中毕业后我并没有直接去加拿大，而是在家休养了一段时间，把身体调整到稍微正常的水平。"

"那你现在痊愈了吗？"我不由得问，其他人也把目光聚焦在她脸上。

"当然了。"毛丹笑，"看我现在又变成死肥婆你就知道了。"

转机出现在她去加拿大读预科班后。

"我发现我周围全是'死肥婆'，而且这些肥婆一点都不在乎自己的体重。她们很快乐。"最让毛丹震撼的是在西班牙语课上遇到的一对姐妹，她们同母异父，妹妹又漂亮又苗条，姐姐却很胖。可她们的感情非常好，几乎做什么都在一起。

毛丹问姐姐："在这样的妹妹旁边你不绝望吗？"

那个姐姐反问她:"我为什么要绝望?"毛丹上下打量了一下她,有点不好意思把她的胖说出口。谁知人家姐姐主动说:"我这么丰满who怕who!"毛丹万万没想到姐姐的自我感觉好到爆,她觉得比起妹妹自己一点也不逊色,又成熟又性感,魅力完全不同。

"那种自信太让我惊讶了。"所以毛丹一下子感觉自己可能也没那么糟,女胖子也可以很有爱而且很有人爱嘛!

再后来,毛丹很少不吃饭,在大学选修了烹饪学做西点,还在多伦多一家面包店兼职做糕点师,更是因此结识了"真命食客","现在为了更好地品尝西点,我哦,允许自己胖一点。"我边盯着她过于粗壮的手臂边听她说,"不过我有天天去健身,但是效果很有限,因为我发现我是喝水都会发胖的体质。"

呃,健身的效果确实很不明显,不过有什么关系呢?她觉得自己还行,就行。

我不知道世界上有多少个毛丹,又有多少个毛丹能从曾经的自我厌弃中走出来。这个过程随便想一想都无比的艰辛和苦难。我想,人难免会有看自己不顺眼的时候,有那种看到镜子里面的脸就想要给它一拳的冲动。不过关键是,最后是顺过去了,还是一直过不去呢?

塞利格曼叔叔有本著名的书叫《认识自己，接纳自己》，结论当然是必须要学会去接纳自己，然后才能各种幸福下去。我觉得有时候顺不过去也不能全怪我们，因为家庭背景、成长环境、教育体制都会让我们有"去做一个完美的人"的错觉。

可是仔细想想，有什么大不了的。这些要求我们应该无所不能的东西，也不是无所不能的。所有人都只能接受自己不能改变的，努力改变能够改变的吧？不然村上春树在他那本《当我跑步时我谈些什么》里为什么要光着身体对着镜子，数自己身上觉得不如别人的地方呢？不过后来他觉悟了：缺点和缺陷，如果一一去数，势将没完没了。可优点肯定也有一些，我们只能凭着我们手头已有的东西去面对这个世界。

要不咱也照猫画虎，脱光了，来数一数？

梦想总是遥不可及，但请不要放弃

筷子兄弟主演的《老男孩》让很多人都哭了。特别是那首红遍大江南北的朴实的主题歌，刺痛了青春正在一去不复返的我们。

网上有段子说，长大了，我终于变成以前想嫁的汉子。我笑过之后又开始唏嘘。真的，有时蓦然回首，才发现岁月匆匆流过，我们已变成了从未预想过的人。不管是过去鄙视的还是曾经羡慕的。

少年时总被"梦想"什么的搞得热血沸腾，动不动就去翻励志书，去听五月天的歌。后来在不知不觉中，渐渐偏离了设想的轨道，主动或被动地放弃了最初的梦想——嗯，有的当然是不切实际并且天马行空的，比如明明只有175cm还想做姚明。

但有的梦想，只是自以为遥不可及。

那年大二，在操场上望着满天繁星畅想未来，场景蛮浪漫温馨的。

有人说要环游世界，有人说要拿下普利兹克，有人说要泡到林志玲的女儿……饭饭说，他的梦想是在北京买一套学区房，把在老家的女朋友接过来结婚。听到这么现实又没出息的话语大家立刻吐槽：这也算梦想？哥，咱能稍微高大上一点吗？

不过，等到毕业了，我们才发现这梦想其实真挺高大上的。

那时北京稍微好一点的学区房，已经是至少六万块一平了。按照集约型六十平方米来算，总价也在三百五十万以上。如果是首套房，贷款百分之七十，那么首付超过一百二十万，月供将近三万——这是什么概念？这意味着我们得不吃不喝最少工作六年，才能到攒到首付的金额！

我们这些人，谁不是高考凯旋而来，在高中时代是辉煌的榜样？刚进大学，谁不是认为如果我们都不能嗨皮地留在北京，那全中国就没人能留下来了？而买车买房，应该都能不在话下吧？可谁能想到，几年之后被丢到社会里，才惊觉现实居然是这样！

北漂很难。

不管是玩乐队的长毛小青年，洗脚房里穿超短裙的波霸妹妹，还是朝九晚五每周轮回的办公室小白领，北漂都很难。对我们来说，即使有一纸耀眼的文凭，也并不会因此就有耀眼的工资单或直上云霄的职场捷径。当然是有出类拔萃者，凭借雄厚的家底和广泛的人脉早早地开始为自己打工，不过更多的人只有埋头做别人的"搬砖工"。

对饭饭，生活更苦逼。

我们班的同学大多数来自城市，即使家里不富裕，也用不着去领学校的救济金。工作了也暂时没有养老的压力，不过是拿着月光的收入过着貌似文艺的生活，喝着星巴克，抱怨一下同事和老板而已。

但饭饭不行。他来自农村，大学期间就要勤工俭学，偶尔帮师兄画点图或到校外做家教来补贴生活。后来我们才听说，他读书期间没伸手向家里要过一分钱。

毕业以后，他找了个特别小的民营设计院工作——钱是同类职位的两倍，但工作量却是别人的三倍。同学之中很少有人愿意去那样的地方，毕竟金钱诚可贵，自己的命价更高。果然，饭饭上班之后没有一天是晚上十点之前回家的，周一到周日，全年无休。

半年后，大家出来玩，发现他的发际线明显比以前高了。我们集体建议他去试试章光101。他笑说："确实太累了，一天睁眼全是事。"哥们儿劝他："既然那么累，就换家公司吧，虽说金饭碗是找不到，但全北京的设计单位遍地都是。"饭饭说："不行，缺钱，换到哪儿钱也不可能比现在的公司多了。"我们要疯了，同学里面就他的工资最高，还缺钱！这得是要怎么花。

一问才知道，他把女友接到北京来了。他女友的专业是中文，大学又烂，在这儿根本找不到合适的工作。人是上进，想换个能赚钱的领域，所以准备去读个中财的专硕，就是学费得好几万。饭饭双手支持，所以唯有更努力地干活儿。按他的说法是："养家、存钱、供老婆读书，一个都不能少。"嘿，他还挺得意的。

转眼学生时代过去好几年了。移民的移民，转战的转战，回家的回家，留在北京的同学越来越少，剩下来的我们都开始重新思考人生规划了：北京，房价天价，空气奇差，压力巨大，真的还要留在这里，为了虚无的面子奋斗吗？

说要拿下普利兹克奖的大哥改旗易帜去了投行，对他而言"设计已死，有事烧纸"；说要泡林志玲女儿的流氓注定失败，因为人家还没生娃，不过他真的结婚了，虽然没多久就又离婚了；说要去环球旅行的，反正到现在也没出发，也许他已经把这个计划推迟到了六十岁退休以后了。倒是饭饭，真的买了一套学区房。

他买房不久，我受邀去参观。

房子是二手的，在六环边上，有点破，最麻烦的是东西向。东西向的房子能晒死人，特别是在北京。不过，饭饭说这是他能够买到的面积最大、性价比又最好的房子了。我心想，性价比最好是有多好，不还是要三百万吗？

"偏僻是事实，但还属于海淀区，所以周围有两所不错的中小学。虽然不是名校，但总算不用为了以后孩子上学发愁啦。"

我擦汗，说你想得还真是长远。

"当然要长远！我把她接到这里来，就一定要给她我承诺过的东西。"饭饭笑起来丑乖丑乖的。他女朋友专硕毕业后，在银行找了个后台服务的职位，月入小一万。和饭饭加起来除了生活和还贷之外，还能存下一点。饭饭依然在那家每天忙得要死的小设计院工作，不过已经做了负责人，手下有了跑腿打杂的小弟，比刚入职时还是好了很多。

一个月后，饭饭和他女朋友去领证了。

由于买房，他已经穷得没钱办婚礼了，只好请大家吃了顿东北乱炖。吃饭时我在想，饭饭大二说的那个梦想终于实现了，这真的不容易。我加班时，他总是在线，加班完了互相说晚安。我明白他的艰辛。在项目遇到瓶颈时，在压力特别大时，在我都以为他要放弃时，他总是咬着牙又挺过来了。

《老男孩》唱："生活像一把无情刻刀，改变了我们模样，未曾绽放就要枯萎吗？我有过梦想。"梦想这个东西，因人而异。可大可小，可远可近。有的梦想，穷尽一辈子努力都没办法心想事成；但有的梦想虽然很实际，却不全都触手可及。因为实际，并不代表容易。

参加过那场漫天繁星下夜谈的其他人大概都和我一样，祝福饭饭也敬佩他。我们快要不年轻了，很多人都放弃了当初青春时的那份执着。而他却不移不易，一步一步地走到了今天，然后实现了他所说的梦想。能寻到梦的人，多美丽。

PART 3
没必要为了爱情躲起来哭

放弃那种等待爱情来拯救人生的想法吧,没一段爱情负担得起"拯救"这样沉重的使命。

千万别找个人搭伙过日子

西安姑娘小凤，北漂两年。在同事的聚会上认识时，她刚过了二十八岁的生日。她长得很北方，单眼皮小眼睛巨象腿儿，五大三粗的，反正不太漂亮。站在一起聊天，她说目前主要的课余活动是认识男人。一句话让我眼珠差点弹出来，心想："哟！姑娘，您这配置还能干这个？"再聊下去才松了口气，原来是相亲啊。

和大多数这个年龄的女人一样，小凤目前最大的问题是要找到合适的男人把婚给结了。

压力来自父母日益严重的逼婚。她妈妈是高龄产妇，生她那年已三十六岁了。眼看就年逾古稀，感觉再不把女儿嫁出去，她死都不能瞑目；压力来自闺蜜和她们的老公、男友或前男友，每次活动都孤家寡人的感觉非常不好；但主要的压力，还是来自她自己——

小凤在西安本地上的大学，到瑞士读了三年研究生，回国后才选择了在北京落户。在这里，她一没亲戚二没同学，既孤独又很没归属感，想成个家驱散一下成片荒芜的寂寞也相当可以理解。

她说："到了我这个年纪，结婚已经不是为了爱情。"

我问："不为了爱情，那为了什么？"

"当然是为了搭伙过日子呗。专家不是说，所谓'爱情'不过是种费洛蒙，最多也只能维持三年吗？"是哦……可这年头专家说的你也敢信？还有，这开始都没爱情，以后的日子岂不是更没指望？小凤不以为然，她讲了她闺蜜的经验：女生和初恋分手后心如死灰，很快在别人的介绍下嫁了一大叔，到现在婚史已有三年了。所谓下嫁，一是大叔的年龄真的很大，二是她对那老男人的感情确实没那么深。但男方的关怀备至让女生颇为享受，总之过得很不错。

好吧，她的说辞，我竟然无法反驳。

依照这个逻辑，小凤选男人的大原则是"靠谱"。细分下来，标准有这么比较重要的几条：

第一，重点大学毕业，海归最好；第二，在北京有稳定和发展不错的工作,年薪最好三十万起;第三,不能是农村或小县城出生,大城市者优先。满足了这三条,才考虑长相、性格、习惯什么的——我打断她:"长相这个东西很关键哦!它决定着你对着他,能不能亲得下去。"

不过小凤倒不怎么介意这个问题:"我又不是颜控,再说男人不能看长相。"好吧,对此我只能说,青菜萝卜各有所好。

由于共同朋友喜欢轰趴,我们大约每两三个月会见次面。

每次见面我都会问,你跟你家那位什么时候结婚啊?

她总是一脸迷惑:"那位……是哪位啊?"然后一拍脑门,"哎呀,你说他啊。那个都分啦!不过我又刚开始了一段新恋情。"每当这时,我总是特没见过世面地大叫:你真牛!

这剧情陆陆续续上演三四次了,小凤成为了我身边换对象最频繁的朋友。我想,她之所以很快有了这么多男友,主要是这些人都挺"靠谱"的,完全符合她的择偶条件。本着走过路过莫错过的心理,她总会抱着"万一这个就成了呢"的想法去试试看。而这些男友之所以很快变成了她的前男友,主要是……在细节上出了一点小问题。

一号先生是搞投资的精英男。

一眼就相中了小凤,觉得这位金牛女一定很会过日子。这没错,小凤持家的能力很强,什么都能收拾得井井有条。但毕竟在国外待了好些年,小资的诉求那是必须有的。她很喜欢买进口食品，每回去超市都会刷好多钱。走在路上想起来就往咖啡馆一坐，撒上数百大洋。

对此，一号先生的意见很大，竟然停了给小凤的信用卡附卡。

小凤说："这还谈着恋爱呢，就舍不得为我花钱了，以后的日子可怎么办呢！"

我深深点头："然也。"

二号先生很固执。

总是要求小凤去配合他的意志，自己却从来不会为对方改变。他是位早睡系森男，而她却喜欢在加班后看剧。他们住在个大标间里，狭小的空间使得屏幕的光线和小凤来回走动的声音不免会打扰到森男。为此，小凤特意给他买了价格不菲的眼罩和耳塞，但森先生说戴上不舒服，所以从来不用。于是经常出现森先生悄悄爬下床强制关机和小凤哇哇大叫的场景。

小凤说："两个人要互相去适应对方，要不怎么过得下去！"

我说："你的看法很对，那你为什么不早点睡去适应对方呢？"

"我在追剧嘛，你又不是不知道……"她苦着脸——看来，美剧还是比二号先生的魅力略大哦。

三号先生是最适合结婚的一位。

事实上,他们几乎都说到结婚了。三号先生和小凤闺蜜的老公一样,是个老男人。有过一段婚姻,没有孩子,是大热的王老五。对小凤温柔体贴到了帮她挑姨妈巾的程度。要说缺点……其实也不能算缺点——他有点早衰,正当盛年却喜欢在家养花种草,六点起床练太极剑。

我说:"这不也挺有情趣的吗?"现在都提倡在大城市的快节奏里慢生活,我看三号就很慢嘛!

"是的,是够慢的。"小凤捂着脸从指缝里看我,"可不知为什么,总感觉旁边睡了个大爷。想着以后几十年就这样过了,真是继续不下去啊!"

折腾了多次,小凤几乎失去耐心了。

有天她跑来跟我说:"不能再用这个标准去找对象了。"我很茫然。她说:"这结婚还是得有爱情。"我还是很茫然。

接下来她开始长篇大论,说最近她都在反复思考,为什么和他们就处不下去。

我很配合地问,为什么呢?

她回答,结论很简单,就是他们不爱她,她也不爱他们。所以一点小事儿都足以让彼此分崩离析。"不管他是小气、霸道还是丑,如果有爱,应该都能撑下去。但如果没有爱,真的一秒都不想再待在一起。"

我立刻反驳:"上次你还跟我说你闺蜜过得很不错呢。"

她垂头丧气:"我错了,他们上个月离婚了……"

我大吃一惊:"理由?"

"……她前男友回来找她。她忽然发现因为这个人的重现,所以她不能再像以前那样安静地和她老公过小日子了……"这还真是一个理由,又间接说明了前任的危险性。

我一直反对为了过日子而结婚,虽然也有人这样选择。

但我也坚信,只要等待,爱情都会来。有人早一点,有人迟一点。而结婚一定是为了这份爱情。

感到孤独,想找个人陪?请找几个人合租或者找个保姆;

年龄大了,不结不行了……这样做的结果是不到几年,他大概就会想,年龄大了,不离不行了;

还有,想要生孩子?天呐,这是最不能忍的,难道等孩子长大要告诉他:"生下你不是因为我爱你妈妈/爸爸"?

……

虽然有爱情,不一定能把婚姻进行到底;但没有爱情,婚姻就像在做交易,特别下流和卑鄙。

那些年，谁没爱过几个人渣

《志明与春娇》大热时，几乎每个人嘴边都挂着那句经典台词：人生那么长，谁没爱过几个"人渣"。嗯，"人渣"，那更是极品中的极品。

租房时，次卧的室友绝对是个极品。

他在准备考研，有一对象年纪比他大，已经工作了。女生蛮好的，开朗、大气、爷们儿，比我室友独立坚强一万倍，不知道她当年怎么会看上他。她公司离我们租的房子很远，之所以不租得近一些，完全是为了能让室友离学校近一点，方便他白天去自习。可这样一来，她每天来回花在路上的时间要三个多小时。这还不算，她只要有空闲，就帮我们收拾房子做饭。吃人嘴软是做人的基本素质，所以我特别喜欢她。

明明是女友操刀做饭，我这室友却每次都不吃。因为大家有个规定，既然姑娘已辛苦做了饭，洗碗就该其他人轮着来。而为了不洗这顿碗，我这室友他竟然宁愿下楼买麦当劳。我真是无言以对。

这两人的日常运行时间很不同：女生朝九晚五，偶尔加个小班，不到十一点就困得不行；我室友三点睡三点起，醒着的时间不在上自习就在玩游戏，很少能陪着佳人消遣。所以女生多半时间都只能自己约朋友玩。

一个周六，女生带了个同学到家里玩，那时我们刚从床上爬起来。她向我们介绍这位同学，据说已有十年的交情，于是我们纷纷点头致意。只有她男友躲在房间里不出来。然后女生带着她同学进去，说这是我男朋友，那谁谁；又对她男友说，这是我高中的好朋友，那谁谁。

后一个那谁谁礼貌地伸出手，然而前一个那谁谁却毫无回应，导致这只手几秒钟后还僵在半空。最后那谁谁不得不尴尬地自我解嘲："你男朋友真有个性！"

这种事儿发生了不是一两次，后来他们就分手了。是传说中的和平分手，女生还经常过来指导男生考研，给他改改英语作文什么的。

他们分手后，房子空出了一间，我们就新招了房客，女的。很快,我室友和那女的偷偷好上了,好上的过程有待考证。彼时他刚考完研正等成绩,也是闲得无聊,天天在家里给那女的煲汤,当然也负责洗碗。尽管新欢旧爱的待遇差太多,不过作为外人确实没资格置喙,虽然有时实在看不过去,真的想要给他一掌。

前女友回来看望我们,是"我们",也就是说不仅仅是我室友。坐了没两分钟,室友就狂问她什么时候走,弄得气氛很尴尬。不久现女友下了班,发现客厅里坐着个陌生人,估计也猜到了是前任。这男的为了表忠心,直接把前女友的大包东西从卧室里扔出来:"拿完东西就赶紧走,以后没事别过来了!"态度十分坚定,语气十分不善。

前女友满脸惊愕,对他的这一手完全没准备,这不两个月前你还求我给你补习英语呢!当场差点飙泪。对此,其他人也很愤怒,他这良心都喂狗了吧?老大凌厉地弹出一句:"滚回你屋去!人家是来跟我们叙旧的,别以为人是专门到这破地儿来看你的!"然后帮姑娘提上东西下楼打车去了。

后来这姑娘跟我们说,其实让她特别伤心的不是他当时的态度有多差,她怎么也接受不了的是,自己爱过的、付出过、念念不舍的居然是这么个极品!

不过,我不认为爱过这种极品男人是多么严重的问题。

天有不测风云，人有旦夕祸福。总有些人对爱的处理方式超出常人的思维。而且，很多极品也不会在开始就表现得像个极品，说不定看起来还是个完美情人。就像被骗这件事，自己天真是一方面，但骗子太狡猾也是重要的另一方面。

还有，很多人的极品特质只在特定对象面前才会表现出来。就像我的室友，说实话，他为人温和，淡泊名利，和我们打游戏时从来都很无私地做诱饵，房租上交很及时，请客吃饭又不小气，也算个不错的人。他对现女友也很好：捧在手心怕摔了，含在嘴里怕化了，处处低眉顺眼，时时上缴公款。他只是对这位前女友有点……极品而已。也许他并不是极品，他只是不够爱她。从这个角度来讲，说不定我们都可能成为某些人心里的"极品"。

一句话，不能因为恰好撞上一两个极品就痛不欲生，发现了离开就是，以后小心就是。

当然，偶尔遇到极品不是问题，但如果频繁地遇见极品就是个很大的问题了。朋友抱怨遇到极品，不管女的男的，一次我表示同情，二次我表示随意，三次我表示你活该！事不过三，三次都教不会绕着他们走，别人还能说什么呢。

我有一个学姐，我认识她多久，她就跟她嘴里的极品男友纠缠了多久。没错，从初中开始。她的男友不管到哪儿都会招揽一片狂蜂浪蝶，惹得这位学姐伤心欲绝，绝食都绝了十几回。特别是她男友后来去了法国留学，可以想见在浪漫的法国生活有多自在，所以分手更是家常便饭。不过最后男生总是一脸歉然保证没有下次了，女生总是哭哭啼啼说绝不能有下次了。结果下次他还这样，她又打越洋电话四处哭诉。

　　我们能说什么，他都这样了，她边骂他是极品边还能忍，就证明她还挺享受极品带给她的受虐感。学姐说，这么多年的感情我放不下啊放不下。其实有什么放不下的，该放下的一定要放下。如果是颗肿瘤该下刀就要下刀，血肉分离是疼得要命，但不割就这么揣着，到最后就不是疼得要命，而是肯定会没命。

感情不是念念不忘，就会有回响

　　Lee是我见过分手最干脆的人，绝对没有之一。

　　他在英国读书工作十余年，也获得了国籍。女友说要回香港，他就跟她回了香港；两年后女友又说要到内地来闯一闯，OK，他又跟她来到北京。没过多久，她遭遇Crush，要跟Lee分手。Lee问她是不是已经决定了，她点头说是。

　　确定分手的第二天，这哥们儿就把所有东西搬去了公司附近的日租公寓，与前任从此比邻若天涯，再也不联系。这样神速和冷静颇似于冷血的处理让小伙伴们都惊呆啦。拜托，又不是易拉罐，这是一段那么长的感情，说扔就扔了？Lee表示，既然已经没了干系，那就别再纠缠下去，让大家难堪。

　　不知为什么，我总是相信Lee抽身得那样果断，不是爱得太浅,而是像一句歌词:"我给你最后的疼爱是手放开,不要一张双人床中间隔着一片海。"已经明白对方不需他陪伴,想要保留些许尊严,想要保存最后的温暖,大抵是如此而已。

  我也见过分手痛不欲生,但还是坚持要分的人。

  我很难忘记,我的高中学弟小朱,因为女友和自己的哥们儿发生关系而在我新买的皮沙发上哭得泣不成声的样子。女友回来找过他很多次,每次小朱都坚持着不肯再给她机会。每一次在我以为他已经放下时,他又会再一次泣不成声。这个反复,反复了无数次。

  我很纳闷,既然这么痛苦,证明还爱着啊。

  他泪水满面地说,在一起这么久,哪能说不爱就不爱了。

  然后我更纳闷了,既然还爱着,那……爱人何苦为难爱人?

  小朱惨惨地瞥我一眼:"就是不想为难她。"

  虽然还爱着她,但如果心软原谅一时,却会毁了两人一辈子。今后一想起这件事就会痛一次,就会再彼此折磨一次。她带着愧疚和委屈,他带着愤怒和委屈——也会一点一点把爱磨没了,最后连过去多年的美好都尸骨无存。与其这样,不如当断就断。

  尽管表现不同,但小朱和Lee竟然是一样的!真的心狠也

CREATIVE
IDEA
TEAM

真的有智慧，不管过去再百转千回，再美不胜收，他们都命令自己放下去，逼着自己绝不回头。

不过，我见过更多的人，是明明分手了还各种念念不忘，并且以为念念不忘必有回响。

悄悄关注对方的微博，偷偷去踩对方的空间，为了别人每一条状态的更新而心绪起伏——是不是不开心，是不是很开心；是不是有了新的交往对象，是不是还没有新的交往对象。更甚者，直接短信、微信、QQ、邮件、电话及见面骚扰，内容无非是离开我以后你过得开心吗？有交往对象吗？我们Restart一次怎么样？

确实有人Restart成功了。

同事CC和男友交往十年，因为一个法国男人的插足而分手。当时他以为她劈腿了，但她没有。她心里委屈，赌气离开了。离开后，她真跟那个法国男人住在了一起。那一年，他在伦敦，她在巴黎，都有了各自新的男女朋友。后来，CC跟法国人说拜拜，重新回到了伦敦，给他做了一顿刚出师的法式大餐，又给表演了一番刚出师的法式舌吻。在他还有女友的情况下，只用了一个晚上，又复合了。现在结婚几年了，很美满。

而更多人的Restart却是失败的。

晓树就是这样的。

她总是跟我说那人有多特别,尽管分开了四年,但她能够感觉到他对她还是有感觉的。"那人"是她的初恋,同班同学,在大一谈了半年恋爱。没错,半年,六个月,一百八十三天。

我总是弄不清她这种感觉的来源是什么。她拿出手机,逐条分析他所有的社交签名,那些带着哀怨的、奇怪的、无意义的自言自语,都被她解读成一位孤僻内向少年饱含深意的只对她一个人吐露的私语。

我根本不能理解她的逻辑:"如果他还喜欢你,怎么可以忍受四年都不来找你,不和你在一起?"她答:"那是因为他很内向,不善于表达,习惯于把很多事情藏在心里。"

她和他约会逛街看电影,据说进展相当顺利。然后,那人毕业就出国了,于是晓树很忠贞地开始了"异地恋",每天定时网聊、电话、视频,一切还真像那么回事儿!其实,这么下去也是不错的,可晓树是个很实诚的女孩,一定要把将来的come和go弄个明白。

那人说自己将来打算在国外待几年拿绿卡。

晓树问,那我呢?我英语这么差怎么混啊!

那人大笑,你在国内英语不好有什么关系?

她跑到我面前哭得伤心,问我该怎么办。

我告诉她，估计人家就没想跟她再续前缘。把他往好了想，他这是做不成情人还能做朋友；把他往坏了想，他这简直就是在跟她玩渣男"四不曲"——不拒绝、不负责、不主动、不承诺。

然而，她死活不信，非说自己跟他交往过，非常了解他，他不是这种人。

我无言以对，算上她跟我谈话的这年，他们分开都得有四五年了。这么长时间，蛇都蜕了几次皮，鱼都失了无数回记忆，人体细胞也更新了三分之二。她凭什么觉得跟别人谈了一场恋爱，就摸准了别人的一辈子？难道就因为他是"前"男友？这也太不科学了。

前男友或前女友不能算作一个独特的类别。世界上应该只有男友或非男友、女友或非女友。如果非要把这个EX纳入体系，那他们也只能算在非男友和非女友里。

当然是有一点特别的，因为他们与我们曾经无比亲密无比相爱，有过很多回忆也有很多经历。从成长的角度，他们无可取代，都是那个阶段最重要的唯一。可是对这种唯一，感谢和不忘记就行了，刻舟求剑没有意义。

走过人世变迁，经历岁月洗礼，再次遇到时，可能会重新爱上对方，但爱的理由一定不能因为他或她是前任的关系——

他或她已经变成了新的人，没人有扭转时间的巨大能力。而且，与其说是在怀念当初的美好，更接近真相的理由大概是时间不够久，感到很寂寞；新欢不够好，感到很失落。

我们假设一下，如果在张无忌和周芷若分开后，遇见的不是赵敏，而是减肥前的芙蓉姐姐……我猜，他应该也会很想念周小姐的吧。这可真邪恶，但这就是生活。

别指望爱情可以拯救你

　　我相信爱情是伟大的：有人为了等待另一个人可以耗费数十年；有人为了悼亡另一个人可以终身不娶或不嫁；当同时陷入绝境，有人为了另一个人能活下来，可以纵身跳入大海——那个杰克为露丝牺牲的镜头曾感动了很多人。

　　爱情的神奇之处，我从不质疑。我只是不愿去夸大它的魔力，去宣传它无所不能或者可以拯救人生。在这一点上我确实是个悲观主义者，如果爱情真有治愈力，我觉得它应该也有摧毁力——这就是我和虫子很不一样的地方。

　　虫子坚信自己的治愈力。自打有了"暖男"这个词后他感觉自己就是个暖男。在遇到了伤痕累累的女友后，他更加努力地修炼治愈和温暖人心的功夫——其实他有这个觉悟，本身已是很让人温暖了。

暖男虫子出生于一座民风淳朴的小城。他个子小小的,细眉细眼,笑起来很像前阵子网上大热的Maru君——虽然Maru是条日本柴犬。他是个好男生,有很多优点:正直善良,耿直努力。在爱情里一心一意,矢志不渝。

如果换个对象,我想他一定能达到他理想中的那种状态:平淡但是幸福,能牵着手数着星星走到白头。但必须要换个对象,因为目前这个女友真心太难搞了。这种难搞,不是作,不是公主病,甚至也不能算是自己的错。

虫子的女友长得不错,不是名花倾国,但也端庄秀丽。漂亮的女生,一般恋爱的启蒙都比较早。虫子女友的初恋发生在初中,因为太小了,不懂得做必要的防护措施,结果怀孕了。事发后,恐惧、责骂、手术、白眼、转学就像一场场巨大而凶猛的洪水,迅速地淹没了她的生活。

虽然再大的洪水也总会退下,但却遗留了很多次生灾害,比如恐惧亲密关系和过度渴望关怀。恐惧亲密关系很好理解吧?就是很排斥别人跟自己靠得很近,哪怕不小心被搭了一下肩都会引发过激反应。而牵手、拥抱、接吻这些情侣间的基本活动对她来说更是难以接受。我认为这就是美剧里常出现的

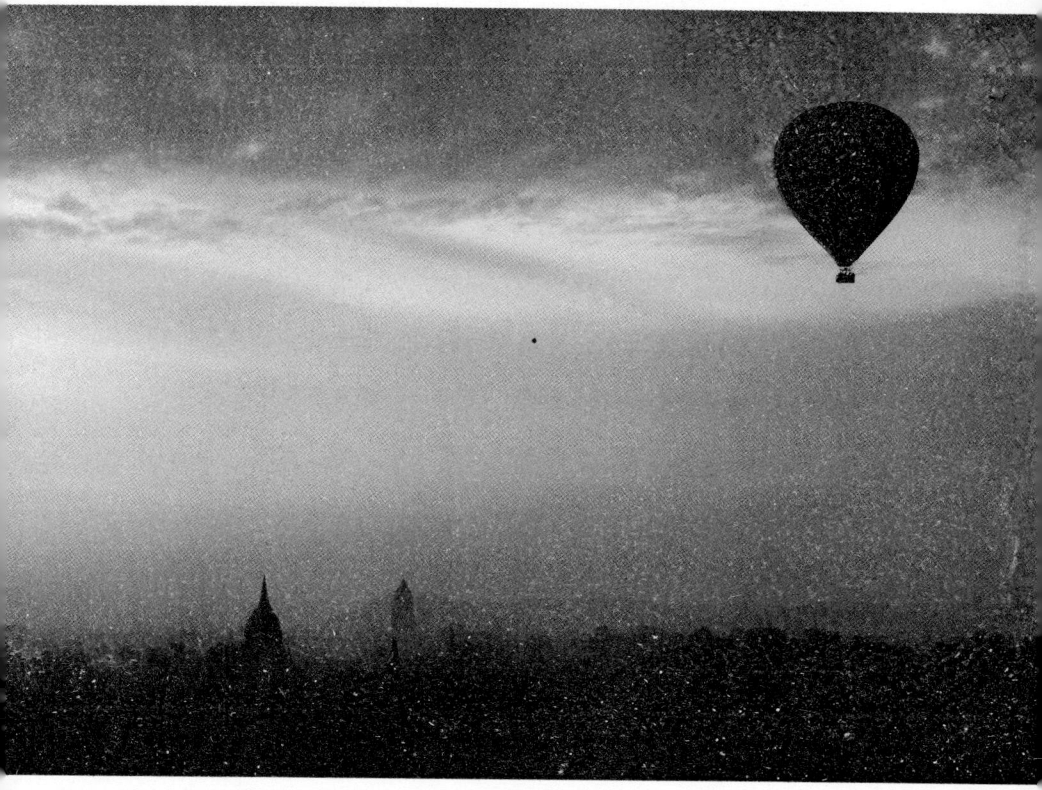

PTSD，全称创伤后应激障碍。

　　伤痕女友很诚实，从未试图隐瞒过去。在确定关系前和盘托出，还让虫子好好考虑一下能不能接受。这时，虫子已经认识她很久，觉得自己已经很了解她了。她是这样漂亮、可爱又善解人意，遇到了这么大的不幸还能挺过来，努力朝着阳光开放，真不容易啊！——虫子同学本来就同情心泛滥，对方的坦诚又让他的怜香惜玉之心大起，他立马表示自己完全能接受并且能包容她的一切，更会努力去平复她受的伤。

　　虫子来问我意见时，我本想劝他这么烫手的山芋还是别碰为妙，但我知道他肯定不会听。因为一个男人就算平素里再温和，当他陷在热恋里，也会固执得像头牛。最后我说，如果你们非要在一起，建议去看看心理医生吧。结果他很不高兴，说我不懂得什么是爱。

　　我问他："那你说什么是爱？"

　　他给我整出来一段排比来：真的爱，能让沙漠成为绿洲，能让寒冬成为春天，能让隔阂和伤害消弭于无形，能让世界的温暖生生不息！

　　我很煞风景地打断他："你确定自己说的是爱，不是超能力？"

　　然后虫子撇开了我，和伤痕女友从互有好感进入了恋爱阶段。

我们知道，"杀熟"的其中一种含义是指在陌生人面前彬彬有礼，处处为人考虑；而在熟人面前却横行霸道，找茬踢馆拍砖。放在恋爱上也同理，两个人最初总是呈现好的一面，只有相处久了才会卸下防备，原形毕露。这也代表他们走得更近了，更加了解彼此了。

女友的亲密恐惧让虫子很苦闷。为什么交往了近一年，他们的肉体接触还仅仅停留在牵手的阶段。但总的来说，还好。比较虐心的是第二条，过度渴望关怀。交往后，伤痕女友慢慢地视虫子为她的守护者。她希望他能时时作为最后一根稻草，在她情绪快要溺水时拉她上岸——话说恋人之间互帮互助也很正常，谁都希望当自己深陷困境有人能施以援手。但她"溺水"的频率真的有点高。

工作上的不满意，和同事的小矛盾，遇到下雨没有带伞，在某宝上买到假的化妆品……任何屁大点事儿都能让她敏感和不安。当然，还有更多莫名的低潮让她感叹生活为什么有那么多不如意。而爱情总要第一时间站出来帮她改善一下糟糕的状况。于是，她转向虫子，用目光祈求用眼泪威胁：你！要让我好起来，让我开心让我笑。如果不能，我要你在旁边有什么用？

虫子说:"好累……"

要每时每刻拿着救生圈站在岸边,不停地担心一个随时会溺水但永远不肯学习游泳的人,能不累吗?

她希望他去解决她生活里所有的问题,希望靠着爱情能走出爱情的阴影——这个希望很美好,虫子也在尽力。然而当他使尽浑身解数也做不到的时候,女友就会暴走、撒泼、骂街、鞭笞虫子的小心脏。

那种哀怨就像是,她的世界里正下着刀锋剑雨,虫子必须时刻为她打伞遮蔽。而当他不再能提供庇护的场地,她看着他,觉得是因为他,她才受了那么多的伤。所以到后来,他们的争执总是没完没了。

很多次,虫子都从低迷的状态里爬出来了。但可能次数真的太多了,有一天他终于说:"她就像黑洞,永远填不满。你是对的,我确实治愈不了她……"他很难过。

我问:"那要分手吗?"

他说,得和她好好谈谈——虽然我对他们这场谈话一点都不抱希望,一点都不。

有个道理我一直挺认同的:爱情是甜点,而不是主食。说通俗一点,爱情能让生活变得更加丰富、完整、幸福,但它不能解决最基本又最原始的问题。比如,从无到有。更残酷的是，它不能解决和爱情无关的任何问题。所以饿了就该去吃饭，不该指望着谈恋爱能解决饥饿；胃痛就该去吃药或看医生，不该以为谈了恋爱就不痛了；有心理障碍就该想办法让自己思考并试着解决这问题，而不该幻想着有个人能骑着七彩祥云把这些东西一笔勾销。

但无奈的是，很多人都这样缘木求鱼，因为太懒了。

我们办公室里的真实故事，一天一个女同事的电脑坏了，她就把靠垫放在地板上跪下来。我们以为她要拆电脑，心想这姑娘还挺能干的。可她跪在那儿半天也不动，嘴巴念念有词。我们奇了怪，问她这是在干什么。她回答，我在做祈祷呀，求上帝能保佑我让电脑好起来。我们都疯了，说你有这工夫还不如下楼找个IT技术员。结果她也不理我们，继续祈祷。后来有个哥们儿看不下去了，替她叫了技术员修好了电脑。这姐姐居然说，看，祈祷就是这么有用！

大家都默了。我心想，得，您也别工作了，就跪在家里祈祷吧，上帝一定会派天使给您送钱的。

很多人听完我这个小段子，都觉得这姐姐蠢爆了。

可我们自己不是也经常这样吗？期望着什么人来做上帝，改变我们的命运；或者想做上帝，去拯救别人的人生。这确实蠢爆了——没有谁的人生能单靠爱情去拯救，也没有谁的爱情能够拯救谁的人生。

PART 4
职场没你想的那么复杂

我们每天有八小时以上是在职场里，心情的好坏直接占据了一天的三分之一，并影响着剩下的三分之二。

老板都是蠢货？

迄今为止，我没遇到过不在背后控诉老板的人，只是剂量或多或少的问题。某种程度上，作为"被压迫者"偶尔宣泄一下不爽之情，这是不可避免的。我也不例外。每次因为老板的"一时兴起"加班加到头痛欲裂，就难免会爆一下粗口。然而往往没过两天，就好了伤疤忘了疼。看见老板又开始笑嘻嘻，面朝屏幕背朝过道地画图。

我不知道自己这样算不算奴性，但我知道有人不是这样。他们不仅嘴上说老板的脑洞太大了，而且真心实意地认为老板是位脑洞君。陈东尼经常在给我的SMS上写：真怀疑我老板的屁股和脑子装反了。然后我知道周末他又要请我去水吧喝东西了，不是为了和我联络感情，而是为了吐槽他那神奇的上司。

我认识东尼，是因为他在我以前的公司实习了三个月。实习期一满，他就以逃离地狱的速度离开然后另谋他就。

他走时以无比惋惜的口气劝我们，这里的项目负责人没审美又不民主，待在这公司绝对没前途。这话说对了二分之一，我们公司是挺没前途的。大牛主创们纷纷被一中国籍董事挖角，留下些老弱残兵又饱受英国人诟病，整个部门元气大伤。不过说实话，我个人倒真不觉得项目负责人水平不行。

实习结束，东尼去了家他认为不脑残的事务所。合伙人留美十年后又在中国创业十年，在业内颇有影响力。所谓强将之下无弱兵，东尼常常洋洋得意地显摆他们单位的各种了不起，弄得我们连连鸡啄米似的点头称赞。然而好景不长，他显摆着、显摆着就把显摆演绎成了一出新的草根综艺节目《东尼毒舌秀》——吐槽新东家的全景脑洞，而槽点最多的是晋升问题。

东尼的事务所规模虽不大，但因为老板留美，所以架构比较西化。每个部门把职务分成若干等级，除了实习生，最低的是AA——助理建筑师，接着是A——建筑师，然后是PA——项目建筑师和SA——高级建筑师，再然后是AD——副总监。

东尼是新人，自然是从助理建筑师做起。

和他一起做ＡＡ的还有俩毕业生。一个是南京姑娘，另一个是学校闻所未闻的本科土咖哥，这俩人他都没放在眼里。首先他的学校蛮好又是硕士，硬件没得说；其次，他有审美有天赋，拿了不少学生设计竞赛的名次，软件更是性能卓越，脱颖而出是迟早的事。他唯一有点担心的是直属上司，"那货毫无品位，智商一般，偏偏还有牛一样的脾气！"

果然，在公司一年一次的升职盛事中，让他这匹千里马马失前蹄的就是这位无品位先生。无品位先生选了土咖哥哥做了Ａ，有没有搞错？职位公布后，东尼喷血倒地。他花了一周来消化这个噩耗，最后还是消化不了。

老板忒没眼力了！可不是吗？一个读卡夫卡、海德格尔、尼采和卡尔维诺；听久石让、小室哲哉、列维坦和林肯公园；看黑泽明、北野武、卡伦蒂诺和库布里克的旅欧硕士，居然比不上大学闻所未闻的本科生，老板不是水平低是什么？

为了平息他内心熊熊的怒火，我们只能附和：天下没脑洞的老板真没几个。

有人小心翼翼地说，没准儿这土咖哥哥有什么杀手锏呢？

东尼瞬间咆哮起来："有什么有！上面说怎样他就怎样，一点主见也没有！你看他设计出来的那些方案，有什么自己的思想和哲学！"我们面面相觑，心里都在想：我去，当然是上面说怎样就怎样，不然你还想怎样？

然而这头东尼已再一次咆哮起来："这傻缺老板！这傻缺公司！又没审美又没品位，真不能再待下去了！"这话听起来，好像有点耳熟啊……

我们这些前同事不知道该怎样劝他，显然他的自尊被伤到了，这是很难受的事情。但或许是比他在职场上多混了几年，大抵都明白一个道理：认为老板是脑洞君的人，脑洞才往往开大了。

存在即合理，时间会优胜劣汰。能当上老板，必然是有两把刷子。他可能是真的精明强悍、资历深厚；可能是善于溜须拍马、曲意逢迎；可能是上面有人能拉到项目；也可能是某某大人物需要安置的亲戚。

是，他也许是个奇葩、智商情商俱偏低，逻辑混乱并且能力不行，但既然没有被扫地出门，就一定有玄机。这些玄机可能并不是我们所欣赏的优点，但对公司却等同利益。So，作为下属的，可以不学习，却不能不承认。

实际上，如果不是少东直接继承老子的事业，那么老板几乎拥有小弟的全部经验或技能，因为他就是从基层一步一步做起来的。而小弟却几乎不可能具备老板的思维和考量，因为他还没有成为过老板。

有时小弟自以为老板是脑洞君，往往是因为他根本不了解全局，只盯着自己眼前的一亩三分地，无法站在管理者的角度俯瞰得失。比如陈东尼，他在我们公司实习时，和我们一起设计过一个酒店的立面。这孩子挺有想象力的，加上又在国外主修参数化，交出来的方案很酷炫。可最后项目负责人挑中的三个备选方案都不是他的。于是他又像个球一样爆炸了，直说负责人要么是偏袒老员工，要么是太死板。

其实后来我也问过这个项目负责人为什么没选东尼的方案。人家说了两个原因，挺让我心悦诚服的。一是经过几次详谈，他觉得客户比较保守，很有可能无法接受这种太前卫的东西；二是我们做设计的，一定要对客户负责，量力而行。东尼的方案虽然模样好看，他个人也蛮欣赏，但以国内的施工技术根本不可能做出好的效果。也就是说，万一客户真的选中了这样的路子，最后我们又无法实现，不仅对客户无法交代，而且还会损害公司在业内的名誉。

是的，见木不见林，确实是作为设计师常有的问题，而无法从经营者的角度去考虑全局，就无法真正做出美学效果和市场效应双赢的建筑。

我们知道，一定是有东西让东尼引以为傲的，比如他常挂在嘴边的"审美""品位"之类的。然而，这些东西不一定是老板需要的。

别以为自己读过卡夫卡，听过久石让，看过黑泽明就该高人一等，老板就该垂青。客户不会因为你的品位就把方案给你，如果不能甘心先做一枚称职的螺丝钉让公司这台大机器运转得利，老板又为什么要给你升职加薪？

有背景？拜托，那是综合实力

　　芮大瑞二十七岁时，做了全公司设计部最年轻的PA。那会儿他硕士刚毕业三年，而我刚开始读研一，还没归入他麾下落入他的"魔掌"。上位这玩意儿本来就挺敏感的，何况他这么年轻，岳丈又是公司的前董事。公司里流言四起，吃软饭、靠老婆、女婿党，是几大关键词。

　　过了两年又两年，当年和他竞争PA的设计师走了七七八八。芮大瑞从PA又升到SA，居然还有人在传这条八卦，作为茶余饭后的聊资。

　　我烦这种议论。

　　虽然作为小道消息也无伤大雅，但味道总像连续穿了一个月没换过的鞋臭味，酸。且不说芮大瑞工作如何认真、如何勤奋、如何在其位谋其政，就算他当年真是靠老丈人拿到了破格录取的船票，那又怎么着？要是我有这种背景我也会用，谁不用谁才傻呢。

吐槽别人有背景，不过因为自己没背景。所以才憎恨这种空降的、先天的、不可抗的常理，讨厌这种明明自己也有资格去竞争并且那么努力，却依然被别人占尽先机的无力。

不公平——千难万难才找到实习的机会，每天提早两小时开着BMW——Bus+Metro+Walk——到公司，灰头土脸又勤勤恳恳，结果转正之前收到通知："对不起，很遗憾，你没有被录取。"而隔壁迟到早退、表现平平、吊儿郎当、才来了一个月的龅牙妹居然不知不觉已经成了正式员工！

我想要爆粗口！

可想想，除了时间和死亡——每个人都有二十四小时，每个人都有一个必然的大限，又有什么是绝对公平的呢？就像感叹林志玲的腿长，怎么不感叹还有人没有腿；感叹李泽楷的爸爸是李嘉诚，怎么不感叹还有人没有爸爸；感叹在北京考北大只要670分，而从大西部考北大却要760分，怎么不感叹一下，整个中国整个地球还有多少娃没有考试的机会？再想想，愤恨地哭诉人生艰难，好歹也是人，才有这个哭诉的资格。起码也不是鸡鸭牛羊，不是鲍参翅肚，等待在前面的只有"我为鱼肉"。

嘿，还真有人会跑来说，他们惨他们的，关我什么事！那别人有没有背景，用不用背景，又关我们什么事啊！

所以探讨这话题简直毫无意义。有些人的"背景"与生俱来，就是拥有很多特权。抱怨无用，只会徒增烦恼。况且，这也算一种综合实力——除开智力、努力、机运之外的能力，和有人天生貌美、天生聪慧、天生吃再多也不发胖同理，不是吗？

再说，综合实力，综合实力，大多数情况下，实力也必须要很综合才可以。

社会这么现实，现实倒不是光有背景就能搞得定。有背景意味着能够得到更好的教育，拥有更优质的资源，还能拿到更早的优先"抢购权"，但不意味着这些人就可以坐吃等死无所不能。

比尔·盖茨如果不是通过老妈的关系，在IBM的机器上使用DOS系统，很大程度上也不可能创立微软帝国。不过IBM的董事也多了去了，怎么不见他们家孩子都成了第二个盖茨呢？

就算是我们芮老大，画图时拼起命来那也是全办公室有名的——公司的电脑很慢，其实我们做手下的有时挺高兴，因为这样画图就能画得休闲愉快一点。一旦老大问起来就可以做无辜的星星眼说："我也想快，可是电脑让我快不了啊。"芮老大就十分丧心病狂，他把家里新买的电脑带到了公司，并且倒贴上万元人民币配置了巨大的显示屏。速度蹭蹭地就上去了，效率从此无人能及。

也许是"添加剂"成就了他人的综合实力，但也并不妨碍我们努力过得幸福并且变得更好更完善。我就是个例子。呵呵，虽然有点自卖自夸的意味。

我出生在工人家庭，父母尽了全力，但经济条件还是很一般，不，是偏低。我到初中都是穿表哥剩下的衣服，小学六年级才第一次吃了肯德基，大学头学期的费用姑姑掏了一半钱。生活条件并不富裕，但我从来不因没背景而在角落里自怨自艾或埋怨父母太普通——不是我超凡出世而是我超级现实，因为我知道自怨自艾和埋怨都没用啊。不能拼爹拼娘拼个大姨妈，没什么捷径走，那有什么好说的，就好好读书呗。

后来我工作，一般实习生都要三个月到半年才能转正，这期间是拿一半的薪资，可我一个月就签了正式合同。老大说，你们学校的学生都很不错，而且你在公司的表现也很好。他用了Valuable来形容我。那时我意识到，原来学校已经成为了我的背景，而我的认真勤恳也成了自己的助力。

后来换工作，和新公司谈，给他们老板讲我在外企学到的思想、理念以及负责的项目，这些都很打动他们。几乎只用了两个小时，他们就决定要我了。我又发现，原来磕磕碰碰走过的每一步，付出的每一分坚持和努力，虽然在当时没有让我一飞冲天、光耀门楣，却都融进了我的生命里，成为养分让小树渐渐参天。

这些年来，我所具备的眼界和见识，形成的品质和习惯，经营的人脉和关系都成为了新的砝码，让自己的分量更重了些。有句歌词很对：每只蝴蝶为了飞，为了翩翩起舞，先做一个茧；最美海岸线，总是要很蜿蜒，才足够让人流连忘返。

牢骚太盛防肠断，风物长宜放眼量。

他在刷微博,你在干什么

晓树,我堂妹,学的是会计。工作蛮对口的,做的也还是会计。

工作轻松,朝九晚五,每个月只在发工资的前一天加班。据她描述,她们科室的人,天天不是刷微博、逛淘宝,就是打游戏、看韩剧,气氛轻松欢乐得不行。工资不高,但能在钱和时间两方面占一头,已经很不错了,还有很多人既没钱又没时间。

晓树上班以来,心情一直都不错,因此她嘟着嘴甩着她那款假LV的包包,拖着我请客狂吃哈根达斯时,我还蛮诧异的。——呵呵,让我诧异的当然不是她为什么不高兴,而是为什么女人一生气就喜欢吃东西。

她含着冰激淋掐头去尾地讲了好几段，总算把事情给说清楚了。

要说还是她眼睛比较尖，自己在人事那儿瞟到了工资条——知道工资条吧？就是那种打印在B5纸上裁成窄窄的条状物。我以前的公司比较保密，把工资条做成银行密码封一样的东西，得要整个撕开才能看到明细。

现在很多公司都已经淘汰这个了，所以我惊讶的重点在于，这得是个什么样的古董单位才会用这种古董东西；而晓树惊讶的重点在于，她看到了工资条并且发现有个男生的工资比她多。问题就出在这里，这男生和她同等级学校、同时间进公司，所以凭什么有这种差距？对此，我想出三种可能性：

第一种，他上面有人。立刻被晓树驳回，说公司是有这种人，但一定是用报销的方式来补贴，再傻也不会体现在工资条上呀。

第二种，他的职位比较高。又被晓树驳回，说她们公司属于一刀切，科员、组长、正副主任各个级别的钱都一样，不可能同是科员还有初、中、高级之分。

那么……只剩下第三种了，我问："他是不是有什么职业资格证？在我们公司，有证和没证还是略有差别的。"晓树稍作沉思又光速驳回："怎么可能！那家伙进公司时没有证书哇，而且他上班可都在刷微博！"

疑团于三天后解开，那男生果然有证，是进公司以后考来的。

晓树十分沮丧，大骂这人太阴险："考证就考证，干吗要背着人阴凄凄地考，搞得跟地下特务一样！"

我想了半天："这个……这个可能是为了不要破坏和谐的氛围吧。"在一片歌舞升平中，大家不是淘宝就是游戏，忽然就他一个拿出复习材料，不仅很煞风景而且也让别人压力山大。

这点小私心，我特别能理解。读书时常有人在学校里踢球上网各种玩，放学就赶紧绑个"奋斗"的布条在额头上。做得这么隐蔽有两个好处：如果考试成功，他就营造了自己不用学习也可以很牛掰的假象。这个假象关乎该生到底是"学神"还是"学霸"的等级之分——努力不算什么，要不用努力才不可复制；而万一不幸失败了，还可以推到自己根本没有花时间来学习上，留下"如果他用功说不定也能成大器"的口碑，从而很好地维护了自尊心。

这男生应该差不离，不想其他人也跟风，免得无形之中有了竞争对手；也能够暗暗地享受证书到手的优越和快感。

晓树还在骂骂咧咧的，我看不下去了："大姐，人家这是上进好不？就算人家背着你考试又关你什么事，你要不爽也可以去啊！"

多亏这句话，她终于消停下来，很不情愿地说："又不是没想过，考试不是难吗……"

我以为，人最擅长的就是高估自己、低估别人。

这个"别人"当然不会是李嘉诚、林丹或普京叔叔，而是年龄、背景、能力水平都跟自己很接近的人，这样才具有可比性。一旦这些人拿到了更好的机会，爬到了更高的位置，或得到了更多的奖励，原来与他们平行在同一Level的人就会极度不平衡："我也（有资格啊）……""我比他（牛多了）……"或"他也没有（很厉害嘛）……"所以最后的结论如下："凭什么是他！"

这很正常也很好理解：僧多粥少、菜多肉少、男多女少、人多坑少。工作的职位和国家一样，呈金字塔和倒树权的结构：人民群众千千万，主席总统独一个。

当然我想表达的不是这个，就像我跟晓树说的，人家上进，难道还要事先通知你吗？他在刷微博时，你在刷微博；他没有在刷微博时，你还在刷微博。最后工资条上数字不Equal，这能怪得了别人吗？

是，微博只是一个比喻，也可以指代发呆、读小说、翻微信、逛淘宝、玩人人、写博客以及很多休闲方式的其中任何一种。既然主动地选择了把所有时间——包括上学和放学，上班和下班——都奉献给了娱乐，就不要在最后拿到成绩单和工资单时才开始艳羡他人的光彩。

请不要指望着好运从天而降，越努力的人才越幸运。

我知道有的人很逆天，不怎么努力也幸运到崩盘。

因为我见过啊……高中时的排球队长：官二代加高富帅，国家级运动员，确实只要上课听一听，就完胜了周围的学霸。我们除了躲在边角里杜撰他可能存在重大的心理问题，今后人生不能尔康之外，还能怎样？最后别人还不是在幸福的康庄大道上一马平川。

但是，他的成功与我无关。

我还知道更多的人是这样的：想要数学考九十五，至少比别人多做两本参考书；想要设计能优留，在画图室从这周一熬到下周一；想要搞定大客户，二十四小时开机，随时准备半夜被叫到工地；喝水都会胖的体质，想要在三十多岁身段赛飞燕，一定严格执行着食谱和坚持着运动计划，就算工作再累也要往健身房跑——不是天才又渴望着更好一点，不努力是想要怎样？

努力这事儿吧，说来简单做起来却一点儿也不简单：不过是把别人用来放松再放松的时间分一点给不放松的事情；不过是在别人说这样很难那样很麻烦的时候，要求自己去坚持这些可做可不做的东西。是否选择全在于个人而已。

　　反正我跟晓树是这么说的："如果他在刷微博，你也在刷微博，那么当他站在你前面，你可以大叹命运不公平——不过这没用，因为命运本来就没有公平；如果他在刷微博，你没在刷微博，那么当他站在你前面，你可以安慰自己，命里无时莫强求，至少我已经努力过；如果他没在刷微博，你也没在刷微博，那么参见第一条；如果他没在刷微博，你却在刷微博，那你真是活该！"

细节真的决定成败

第一次被英国佬拉到会议室去批评是因为他发现我左手支颚，貌似对着屏幕思考，实际上却以恬静地鼻息去梦周公了。那是正午时分，离上班时间还有半个钟点，实在是工作手册上白纸黑字写着的中午休息时间——午休，知道吗？！我恭敬地站在他面前，心里诅咒模式全开：小爷我一不偷、二不抢、三还很勤奋，你凭什么来找我茬？

他说："我知道现在没有上班，是你的私人时间。但不好意思，你还是不可以在办公室打盹。"

我想我当时的表情一定很震惊，满脸写着"这是为什么呀"，所以我还没开口，他就回答了："因为万一客户这个时间过来，看到我们的员工在睡觉，你觉得他会怎么想？"

我在心里演默剧:"能怎么想,肯定觉得我们单位很人性化呗……"这当然不是他想告诉我的标准答案。

他想说的是,别人一定会认为我们的管理不够到位,员工行为松散,做事不分场合。这一系列的想法有可能会危及到客户对公司的信任。

当时我心想:"哥,咱别没事儿就上纲上线的行不?"

最后他扬起声,特别严肃:"Please remember, The devil is in the details."

彼时刚工作,太年轻,加上动不动就往上涌的爱国情怀及和他的互相偏见,他说点什么我都能解读出负能量来。比如上面这件事,我就觉着他诚心没事找事,芝麻里面挑绿豆,完全可以定性为"种族压迫"。

不过关于这一点,在那里工作时间久了还真发现,办公室里确实没人睡觉。有回刚来的实习生不知道,趴桌上眯着了。高管也把他叫醒,说要实在困了下楼去星巴克。然后我才开始思考,也许他并不是针对我一个人。

越久,越发觉得他说得很对。

在职场上,一个人在细节上做得越好,得到上级信任的可能性就越大。特别是在大家的背景、资历、能力都差不多的情况下,"一手观大局,一手定小节"才更具竞争力。这就像在淘宝上买东西,价格都差不多,比的当然是附加值:客服够不够热情,解答够不够心细,发货够不够及时,包装够不够严密以及赠品够不够有创意。

那细节在哪里呢?这很难一概而论,通常来讲,细节无所不在。

我现在的上司芮大瑞算得上当之无愧的"细节帝"。

作为公司最年轻的高级建筑师,他给我印象最深的是只要在工作场所就一定是西装革履,外套衬衫总是熨得没有一丝褶皱,皮鞋永远光亮如新。本来以为他肯定有个很贤惠的全职老婆,但后来听说这些都是他自己做的。

其实像我们这样的企业,非外企非国企,大家穿得都比较随意。早上起来大多随便套一件T恤或卫衣,牛仔裤一周不换,懒人拖一套,全身装备很清爽。可芮大瑞显然有自己的逻辑,他觉得我们做设计的虽说多数时间在画图,但冷不防客户也会搞搞突然袭击。这时,职业装能显得人比较精神,比较严谨,客户至少能看出我们是群对自己有要求的设计师,就更容易给多一点儿信任。所以Office Dress Code是他认为必须注意的内容。

此外,个人卫生也很重要。有一阵我每到下午就饿,经常买一堆零食往桌面上一铺，大快朵颐。吃完后，又随便往两边一拨，零食的包装和残屑搞得工位一片狼藉。对此，老大很不高兴，当着全组的面严厉地狂喷："你在家怎么邋遢我不管，三个月不洗澡我也没意见，但在我这里就不行。这么脏乱差，既不尊重客户也不尊重同事，更不尊重你自己！"众目睽睽下，我默默地收拾好位子，从此养成了每天都打扫的好习惯……当时心里还不服气默念：我没不尊重我自己啊……

跟他久了，发现这位老板有很多隐性的变态要求。是真的很变态哦：

所有的图纸每天都要清理，同时要备份；做PPT所有的图片和言论都要有出处，哪怕是百度百科Copy的都要写在备注里；领导开会一定要做记录，并且事后发邮件抄送；和甲方的所有沟通最好录音，大修改要发正式信函，并且一定要扫描存档……以下省略一万条。

我是大条的人，一向主张大老爷们不拘小节。有时很烦他计较这些鸡毛蒜皮的小事儿，暗地里偷偷懒、放放水也是常有的。不是真要故意跟老板对着干，就是有时会忘了做个备份啥的，完了觉得也没啥大不了的。可没想到还真出过一次大事，十分惊险。

事情是这样的。

有个设计方案临到要交活给客户的那天，我的电脑突然出了问题，所有图纸都打不开了。我急得要死，各种杀毒软件全都使上了，估计电脑都快被杀挂了，却一点用都没有。能明白我那时的惊慌失措吗？那是个一千万的项目，我简直不能想，如果因为我，公司不能按时交图而损失这个单子会是什么情景。就是让我连续破产一百万次也赔不上啊！我当时都快疯了，觉得坐牢的可能性也不是没有啊。

芮大瑞闻讯赶来，带着阴沉到死的脸色，用一只小小U盘拯救了已颅内大出血的我。他说就是害怕出现这种情况，所以他每天都有帮我们做三个备份：一份放在U盘里，一份传到网盘上，还有一份留在主服务器里。我的第一反应是，细节帝果然不是盖的！备份就备份，一备还备三份！

自然的，我被骂得狗血淋头。一边乖乖地做犬状受训，一边松了口气。由衷感到，领导之所以是领导，确实比我英明神武一点点；而细节之所以不容小觑，是因为真的藏着一只大魔鬼，大到不仅可以让人不受重用，还可以让人终身监禁……

那次以后，我终于走上了正道，在心理上从了芮大瑞。

花比平时多一点点的精力，注意一下细节，其实费不了太多工夫，却可以更靠谱一些：早晨提前五分钟上路，多半就不会迟到；在办公室放上一套西服，多半就能应付稍正式的场面；定时清理电脑、杀毒备份，多半可以避免频繁的宕机和文件丢失；做好领导和客户沟通记录，多半就有证据来解决无谓的扯皮。

很久以前，中国的老子说：天下大事，必作于细。很久以后，外国的那谁说，The devil is in the details.。

别把换工作当成救命药

迪迪对我说:"我到瓶颈了,必须要跳槽。"

我大惊失色:"我去,你又到瓶颈了?"因为她到现在的单位才九个月啊。九个月!这又不是怀孕,要赶在十月之前开始生活的新阶段。

不过因为对象是迪迪,我又感觉其实没有必要太过惊讶。反正这女人已经换过无数工作、无数城市、无数领域……如果电视台开一个评选中国最牛跳槽达人选秀节目,她肯定能直接跳过海选直达决赛。

迪迪这个人,不是我虚构出来的。她叫吴迪,我们相识于校团委。比我大两级,成绩挺好,认识时已经保研了法学院的直硕。照说保研的人"老神在手,有恃无恐",大都比较懒散。逃课不用说,课外社团之类的更是能免则免。迪迪显然很反常,除了专业学习,她手上还同时做着四五个社团工作。

毕业后她在北京一个律所待了小半年,觉得做律师很没意思,于是转行做了媒体。因为在大学阶段有过做杂志的经验,学历也很好,所以很顺利地进入了大西南的一家省级报社。三个月后,报社很给面子地录用了她,她却撒丫子跑了。这回的理由是,媒体这个行业水太深。

从报社出来后,她的经历更加神奇:先是到理发店去做学徒,把她要开自助美发店的想法在微信上广而告之;然后跑到了酒店做商务,不久在酒店认识了一名95后小男生,跟人谈起了恋爱,又跟人回到了他家乡的五线城市,创业做起了小快递公司;快递公司倒闭后,顺便在那个城市摆了几个月地摊……

说到这儿一定有人觉得我疯了,怎么会有好好的硕士毕业生的职业生涯那么不靠谱?别急,其实我还没说完呢。迪迪在外面晃荡了整整三年,已经二十八了,她老妈实在看不过眼,连拖带拽地把她弄回了杭州,并帮她在区法院找到了现在的工作。

对,就是这个干了九个月又干不下去的工作。

俗话说铁打的公司,流水的马仔,跳槽这事儿其实很正常。毕竟像几十年前那样在一家单位待到黑的人已经不多见了。前景不好、薪酬不行、家庭计划、新行业更有吸引力等都能成为跳槽的理由，不过迪迪这种换法，跟瘾君子似的，还真有些病态。

她每次都说自己是"听从内心召唤"——做人就是要万事如意、随喜而行。不过在我看来，这未必不是种既好听又能放过自己的借口：说做律师没意思，估计是一直考不过律考，打击了执业的信心；离开报社，大概是媒体圈人际关系复杂，薪酬又低；至于开理发店、做商务、跑快递、摆地摊，甚至卖猪肉——这些事若经深思熟虑，倒也不失为人生的开拓。但迪迪显然从没好好想过，做这些是为什么。

我问这个患有"多动症"的超龄少女，到底要怎么折腾。

她回答："年轻无极限，年轻就该折腾。"乍一听好像还很有道理。

其实我知道，她是害怕停下来。因为一停下来就必须得去想：我到底想做什么，我想要实现怎样的人生？——这是个很难的问题，又是个虽然可以不断逃避，最后却还是不得不回来面对的问题。

选择逃避当然更容易也更愉快。就像远古时期的人类，一旦感觉危险，就会迁移到新的领域筑巢。跳槽有时候就像是这样一种发自本能的"迁移",因为通过跳槽,人能够快速脱离让自己不适的环境,而新的工作环境又会带来高浓度的新鲜感,刺激已经疲于应对的状态。所以跳槽也是会有快感的。

但逃避的坏处却显而易见:新鲜感很快会过去,快感也很快会消失。如果通过重复的策略去寻找下一个新鲜感和快感,不去面对这种需要痛苦思索的问题,不去迎接逐渐社会化所带来的阵痛,就会一再地失去改善自己的机会。

频繁换工作,虽然某种程度上可以积极更新自己和不断尝试生活,甚至也成为一种谈资,但代价也是巨大的。这点我不知道迪迪发现没有。

客观上,短时间内换工作,特别是在不同城市,会妨碍自己去建立稳定的人脉圈;也会影响到个人信用和薪酬福利。前者不用说,大家都懂的。后者是因为一个人无法在短时间内提升职位,所以即使工资略有增幅,却很可能被一些隐性成本(食宿、交通)给消耗掉。

主观上,高频率的动作会限制个人成长:工作时间不够久,就无法深入了解核心问题和技术,竞争力永远也不会得到质的飞跃。另外,时间会锻炼我们以自己的方式去适应职场规则的能力,如果一跟同事或上司有问题就走人,就难以发展自己处理类似事件的能力。

这是很宝贵的生命经验。我得到这个经验虽然绕了道，但所幸并不算绕得太远。

第一次辞职时，我和迪迪一样，有过各种尝试——对，就是励志读本上经常鼓励大家"放开世俗拥抱心灵"的那些事。

我想过小幅换行业，做建筑杂志或地产资讯；也想过大幅换领域，去投行或从事NGO；也想过做自由职业，比如在家开咖啡厅写东西，做淘宝店主也可以啊；甚至也想过来一年Gap Year，环游世界顺便打五十份不同的临工——就像我那些不着四六的外国同事一样：今天在中国，明天在南美，后天在西伯利亚的冰原雪地，特别美好又特别蛊惑。

可，我能做吗，我适合吗，我是真的想以此作为人生的志业吗？

低下头，想到自己只有几千人民币的银行存款，还有家乡等着我汇钱补贴生活费的父母，熊熊燃烧的豪气一下就没有了。我发现我并没有放下一切，潇洒走一回的资格。待业几个月，资金日益捉襟见肘，又听说前东家的英国总监辞职，留在公司的几个中国人都升职了，我居然感到后悔，开始怀念起在办公室上班的日子：衣食无忧、脚踏实地、活力十足。

当初是因为很多旧同事离开搞得自己心情很差，又被外籍总监压迫得成天加班看不到头，才冲动地想要辞职，裸辞哦！关系很好的商务组老大来劝，让我憋着口劲儿再忍忍，因为这正是升职的好机会。我却怎么也听不进去，嗑了药似的一定要把辞职信递上去。现在感觉，其实留下继续做个建筑师也未必不是条好路子。事实上，确实如此。

这不是说我一定要待在那家公司不再移动，只是至少要提前想好是为了什么而移动。是为了更好的机会、为了进修、为了休息还是简单地为了"老子不爽所以不干了"？当然也要去思考这个行为所带来的后果。决定是否跳槽，有一个很重要的心理砝码：自我认知。心理学家说，自我认识越清晰，越能够锚定发展方向，也越能享受工作的幸福感。想太多是什么都做不了，但什么都不想，就像迪迪一样，也很不可靠。

PART 5
别对朋友要求太多

我们都有这样一个朋友,一定会陪我们到老到死,无论我们多么困窘。那个朋友,就是自己。

哪来这么多肝脑涂地的友情

肥牛说："麦霸靠不住。"

我问："怎么着啊？"

他和麦霸，加上星爷，关系特别近，经常出来打个台球，吃点烧烤，在高中那是著名的铁三角。肥牛皱眉，但脸太圆了，我竟然没在他的额头上看出一丝沟壑。他说前段时间他买房交首付，到了售楼处算来算去还少三万。当时地产小主星爷在国外出差联系不上，他只好打电话给麦霸。

麦霸是家小破IT公司的码农，平时工资少众所周知，存不下钱可以理解，但关键是，两个月前他结婚了。结婚，总得收份子钱吧？他是本地人，从小学到工作都没出过省，各种亲戚、朋友、同学、同事的礼随起来，连三万都没有，那也太笑话了!

"结果他说要问一下老婆。我在售楼处等他回电话等了两个小时,最后他跟我说钱都存定期了,取不出来!"肥牛异常愤怒,"我擦!又不是不还!"

我问:"那这事儿最后是怎么解决的?"

"能怎么办,到处找人呗。"肥牛说了个我不知道的名字,"最后想不到人家立刻往我支付宝里打了钱。"然后他冷哼了一声,"关键时候掉链子,真是路遥知马力,日久见人心。"

借钱,在朋友间确实是挺敏感的。

小数目就不说了——不过这个"小数目"也是相对的。比如三万,对有的人很要命,而对有的人来说,别说三万,就是三十万,那也是弹指一挥的小菜。找人借稍大一点的数额,必然要承担失望的风险:人家可能没钱,或者有钱但对这个钱已经有了别的安排。又不是生死攸关,人家凭什么为了你和自己的利益博弈呢?

然而肥牛觉得存定期这个理由很扯,因为只要舍得那点利息,定期随时都可以变成活期呀。问题是,人家为什么要损失利息呢?

肥牛说:"难道我们这么多年交情还不如那点小钱?况

且,这么点小钱都不愿意拿出来,以后我要是真有点什么,还能指望他肝脑涂地?"

他看我点头如捣蒜,就问:"你也觉得麦霸很不仗义吧?"

我又摇头如拨浪鼓:"是不能指望着别人肝脑涂地。"

不是父母,也不是爱人,朋友就是朋友,这是一种更多层次的自由选择。

父母,不管我们愿不愿意,总有血脉联系。他们给了我们生命,养育我们,所以我们也有责任去担负他们生命最后的岁月;爱人,在一定时期内既有法律性也具有唯一性,两人之间的关系比跟其他人更密切,很多方面都是一荣俱荣、一损俱损的利益共同体。

但朋友呢?是没有这些约束的:我们不会为对方交学费或养老金,不会非要住一起,不会和对方生儿育女,不会因为异地而担心是否就断了关系。我们只是彼此欣赏、互相陪伴,偶尔见见面、聊聊天,心情做一下交流,精神做一下沟通。如果可能,在能力范围内又心甘情愿的时候,为恰好在黑暗中的对方点一盏灯而已。

我想说什么呢?

我想说，我们所有的朋友最初都是陌生人——没有基因传承也不可能有后代相依。各自愿意宅在家里还是环游世界，选择拼命加班还是迟到早退，喜欢用情专一还是游戏丛林，彼此都只能建议、劝谕而没有资格去阻止或同意。

我们交朋友为的不就是这样吗？没有强制性，一切很随性。

要是看着不顺眼，我们可以选择去疏远或离开任何一个朋友，但没必要因为对方达不到自己的心愿而对他失望。又或者说这注定会失望——因为他存在的意义不是为了满足我们的愿望。

是了，人都希望对方按照自己的意志做事，所以一旦他没有如你所愿，你可能就会想，"他竟然是这种人""太不厚道了""我付出了这么多，他居然这样回报我"，往往觉得这样漏洞百出的友情完全没有再继续的必要。

肥牛抱怨着："我真是看错他了，这么多年交情还不如那点小钱。"

他不明白，说不定在麦霸的价值观里，这点小钱并不是小钱呢？况且，这又不是需要雪中送炭的事情，不伸手肥牛也一定能撑下去。何况，就算肥牛撑不下去了，也不能认为麦霸就应该理所当然地出手相助——谁对谁都没有必须履行的义务或者必须负担的责任。他只是他的朋友,不是他的哆啦A梦。

这就是我为什么主张有信用卡就别找朋友借钱;能独立完成的事情就算麻烦一点,也别轻易满怀希望地求人Do me a favor。假如万不得已非要拉人来助战,别人答应了务必要感谢,别人没答应务必默认这也很正常。如果侥幸获得了朋友的帮助,最好想想以后能如何投桃报李、礼尚往来。同样的,假如要借钱给朋友,一定预先做好要不回来的打算;帮不了的事情不用死撑硬拼,也不用太愧疚。

然后，我们就疏远了

吃过晚饭，我带着楼下邻居的小孩当当去遛狗。

玩着玩着，当当忽然不高兴了。他说，他读幼儿园大班时，有个特别好的朋友——他的原话是"生死之交"，可才过了不到两个月，她就不搭理他了。

"她为什么不来找我玩了呢？"当当好沮丧，像只被主人扔在大街上的小狗狗，有了少年维特的烦恼。

我哑然失笑，不知道该怎么安慰这小家伙。说有的东西如同指间沙，就算再想要留住，也留不住？可他才六岁呀，怎么能理解这样无奈又客观的规律呢？

留得住，很稀有；留不住，才平常。

朋友，和时光、青春、初恋还有每个阶段一去就不复返的心境是一样的东西。胡歌的《逍遥叹》很中肯，"壮志凌云几分愁，知己难逢几人留？再回首却闻笑传醉梦中"，所以能剩下的人，真的不多。曾以为有的人，一定能跨越时间和空间，陪同走到最后一刻，却不过一转身的瞬间，就各自天涯、形同陌路。这样的人我遇见过很多，就像阿力。

阿力被我用在很多故事里。他是我的难兄难弟，是和我走过漫长低谷的朋友：我们一同进外企，一同倒霉，一同失恋，又一同离开。如果问我在这家白皮白心的公司里有什么收获，那么阿力这个人，会是我答案里毫不犹豫的一个。

战友。难友。密友。

这是我和阿力的关系。

有段时期英国公司高层很不信任中国人，所以当公司最底层只剩下我们两个中国籍小弟之后，我和阿力间的亲密关系也在短时间内急速地加深了。

心情是很恶劣的，尤其是老板莫名其妙地针对你，突然特别想骂人。但公司不能上QQ，用内部的聊天软件吐槽又害怕被发现，于是我和阿力研究出一套"部分拼音首字母沟通法"。比如Tmdtsq，就是"特么的太傻缺"；比如Pz-zm-bqcshi，就是"胖子怎么不去吃屎"——挺幼稚的，但我们乐此不疲。当胖子和牛马面站在我们的办公桌前，提一些愚蠢的高标准时，我和阿力就会相视一瞥、心领神会。如果谁被单独"教训"了，另一个人就会在背后用中文的口型表示同情。

我们勾肩搭背地走在国贸金融区，互相取暖，彼此依靠，努力驱散现实的无力感。有时真觉得这是最牢固的一种感情，永远都不会改变了。然而，这种"最牢固"的感情，一年后也就改变了。

不久，我和阿力离开了那家外企，去到两个不同的地方。

我和以前一样，依然在做设计，忙一阵闲一段。生活还是那样，翻翻建筑杂志，读读无聊小说。而阿力去了间小地产公司，生活有了比较大的改变。年薪比我高很多，大概有四十万，与此对应的是累得要死的节奏。

其实我不明白他这样懒散的一个人，为什么要去那种地方拼死拼活。他说在老家待了三个月，发现以前的同学都有娃了，才忽然觉得自己年龄大了，也是该攒老婆本了。

我问他，以前不是说要遵从自己内心生活，结婚什么的太俗了。他回答，确实太俗了。

刚开始我们还一直联系着，共同度过了找不到满意工作的焦灼时期，又共同度过了适应不了新公司的失落阶段，等到我们都各自安于现状找到了安全范围时，反而不像从前那样有话可说了。

房地产是资本游戏,比设计现实很多。阿力的生活陡然被加了压,再也不复以前的闲适和轻松,自然也不那么愉快。然后我们的对话渐渐少了,更少了,少得最后连QQ在线时也懒得说话。

离开北京时,我们见了一面,借酒消愁愁更愁,都在想着各自的子丑寅卯。阿力攀着我的肩说,什么时候回来了就来找哥,哥一定罩着你。

过了两年,我回北京参加旧同事的婚礼,给他发微信,说出来聚聚吧。

他回复,你回来啦?真好!

然后过了很长时间再也没有第二条。我等回复等了半天又半天,还是没有提示音,第二天也没有,第三天也是。我没把电话拨过去,也许他在忙,也许他最近都没空,也许他正跟妹子表白,也许……也许他就是不再想要见我呢?虽然我也不知道为什么,但我不想要求他,因为有的东西,就是这样了。

我想这就像恋爱中人常说的,强扭的瓜不甜。

高中,朋友提前出国了,我很难过,躲在被子里哭。整整两个月情绪都十分低落,我把我们相处的时光点点滴滴都拿出来回味,为了离别悲伤不已。我也会担心,万一他们回来以后，我们不再要好怎么办，那自己不是永远地失去他们了吗？于是我写很多日记，发很多博客，在日历上做很多标记来提醒自己，"嘿，哥们儿，这么重要的人，你可千万不要忘记啊！"

后来在外企，带我的几个前辈跳槽了，我也很难过，但眼泪没再流下来。有的人现在还能相聚聊天，有的人已经彻底消失于我的生活中。不过我好像已经能接受了。

生活就是这样。失去有很多原因，但本质上无非是他们变了或我变了，所以我们不能再惺惺相惜，不能再促膝畅谈。就像以前喜欢吃榴莲，后来一闻到榴莲就想吐。谁都没做错。好在，后来还会出现一些人，又成为了新的朋友。而且如果足够幸运，也能留下几个莫逆之交，直到生命终结。

当当，这样解释，可以吗？

你是有用的朋友，还是没用的朋友？

我有三条狗，其中两只是在路上捡来的。遇到的时候，它们还很小，一只半岁，另一只两个月。我喜欢它们，经常在朋友圈里PO和它们一起玩的照片。

某君在照片下面留言，说你真是舍得在这些宠物身上花心思哦。

我回复，它们不是宠物，是我的小朋友。

他应该是不明白，所以在后面留了个问号表情。

他当然不明白这种感情，因为他不会拿动物当朋友。就算是人，也会被他分成"有用"和"没用"，大概只有"有用的"才够资格做他的朋友。

其实，我是不是应该感到幸运？因为他有把我当成

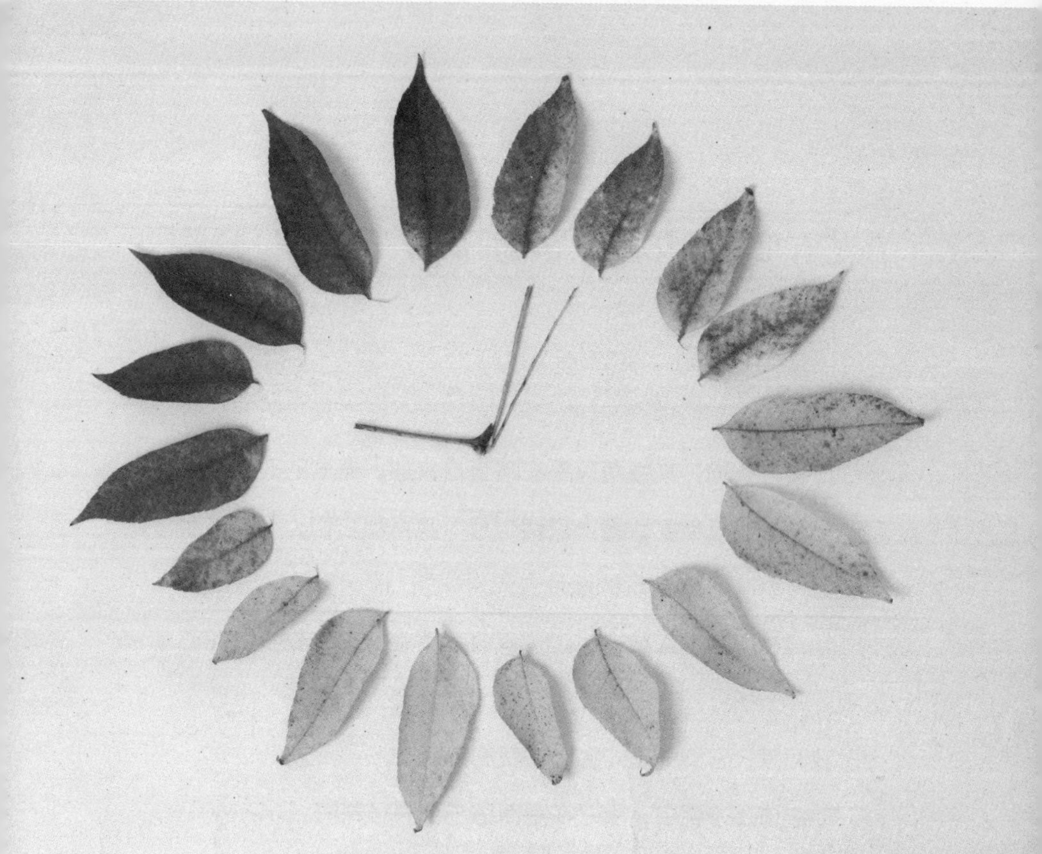

"朋友"。

说起来这位"朋友"也是很上进的人，要不然不会在人人网上看过我的资料后就主动联系我。他私信的内容是因为考研锁定了我们大学，想要取经。我很遗憾地告诉他，我没考过研，所以能提供的经验很有限。如此，他也不再提这个话题。有时他会跟我聊一些行业内消息还有设计观念。我感觉这个人有理想、有追求而且有见地，于是他的留言我基本都回。临近寒假，他邀请我去参观他们学校，因为都在同一个省，我便欣然答应。

那次见面，如果不是他一直在问导师的信息，应该还挺愉快的，毕竟烤翅的调料十分销魂。吃完饭，他说要是方便，能不能问问你家高先生，对我的印象怎么样。我这才知道，他想要找的原来是我导师啊！吃人嘴软，我只好点点头。但隐隐地，有点不舒服，好像一切都早有预谋。

堂妹晓树的感慨十分能描述我当时的心境。她说："太可怕了，根本就是带着目的来接近你的。"她这个感慨倒不是针对我，而是说的她前舍友兼闺蜜。通常女孩子之间的爱恨情仇总是比较诡异且不易理解，但这回晓树为什么主动跟对方疏远，我却能明白一点。

晓树不是故意听舍友打电话，只是她裹着被子缩在床上，迷迷糊糊地被对方给吵醒了。下面传来一个声音:"×××是没什么意思,但人家爸爸是北京电视台的领导,这种朋友还是很有用的。"

晓树又瘦又万年平胸,躺着确实很不容易被发现,估计她舍友以为没人,才敢越说越肆无忌惮。她接着又听见:"××吗……她男朋友是清华的,是啊,跟她搞好关系以后能让她介绍个绩优股……"

她屏息,想知道自己在室友心中估值是多少,比如"林晓树啊,那可是个四讲五美有魅力的好少女!我得留在她身边,向她学习!"这当然是她意淫出来的。遗憾的是到最后舍友出了房门也没提到她。

她两天没怎么好好吃饭,跟我说起这个事情,挺郁闷的。你想啊,之前特别亲密的两个女生,甚至还计划着暑假去旅游,现在其中一个发现另一个是位百分百的心机女,先是大惊然后后怕不已。

"亏我还把她当朋友呢,以后绝对要和她划清界限!"她气呼呼地发誓。我觉得也不至于吧,说不定人家真的觉得她是个好少女呢?

晓树回答得斩钉截铁:"她对别人都这样,谁知道她心里是图我什么。这种人能愉快地做朋友吗?"我大惊,以这种强悍的逻辑思维和推理能力,你当年数学为什么会不及格呢?

不过，我倒是挺能理解她的心情。这样的人，是很难再愉快地做朋友了。就像每次我对着那个为了考研的"朋友"，同样无法真心开怀一样。因为时时刻刻都要想一想，他今天来又要问什么。

其实人家也真是刻苦又能干的人，备考最惨的阶段，在学校外面与人合租睡门板。三个月之后，如愿得到了通过的消息，不过导师并不是高先生。

刚开学，在系馆里偶遇，还互相吹吹牛。后来大概是他混得如鱼得水，我似乎也没那么"有用"了，于是即使撞见了也仅是点个头。

本来想，那就这样吧，世界上来来往往的人多了去了，也不差这么一个。但这样的孽缘竟还没结束。等我毕业进了外企，他又开始频繁地联系我，约着喝个咖啡什么的。

见了面，他再次拿出老三套：先问好，然后从设计思潮谈到行业前景，最后拐弯抹角地打听我的薪资待遇怎么样。我愣，表示这个太私密了。他很自来熟地拍着我的肩，说这有什么私密的，大家都是朋友啦！

听到"朋友"这个词！我立刻虎躯一震：我去，朋友？我跟你连酒肉朋友都算不上好不好？

我尊重别人的选择，但我难以喜欢或接受这样的功利。

功利，通常指功名利禄。在交朋友这件事上，我喜欢这么来解释它："功"，有意识或者无意识地物化某人，赋予某人一种功能或角色，比如提款机、垫脚石、快递员诸如此类；"利"，就是他单向地不断地榨取某人的功能利用价值。

"人"之所以为"人"，最重要的是它不会像机器一般重复地提供功能。通常呢，我们先分享彼此的喜乐和难过，欣赏彼此的才华与成就，携手走向终点是死亡的人生路。基于此，才伸手扶持相助、传递信息或在重要的节点推一把——对这个顺序的坚持很重要，如果反过来，就变成了交易，所有的温暖味道全变了。

此时，说不定有人会跳出来反驳，说朋友本来就有很多种类型呀：A君是师长型，每当迷茫时就靠他指点迷津；B君是酒肉玩伴型，我们不能纵横古今，但可以共同寻找乐子、妹子和汉子；C君与我是互相欣赏型，互相竞争又一起进步；D君是合作话唠型，每次一聚废话停都停不下来；E君是狗型，我们经常什么都不说，就这样静默陪伴着……

是，二十六个字母装不下所有的Type，我们需要很多不一样类型的朋友，因为这些特质很少能集合在同一个人身上。然而，不管他们属于哪种款型，本质的东西永远不会改变。只要是朋友，那么他们是互相把对方当成"人"而不是一件物品；

他们在精神上的需要是互相的；他们对彼此的意义远远不止于从对方身上得到功能化的好处……

这样的解释太狭义了？我同意。我相信，本质上人类做所有事情都是"有用的"，绝对意义上没用的东西不存在。人类的历史就是一部不断摒弃"无用东西"的进化史，但"有用"，不能等同于功利。

如果非要把朋友分成有用和没用，我衷心希望自己是个"没什么用"的朋友，在如下时刻被大家想起：经历重大喜悦和悲伤时；取得重大成就或经历重大失败时；想要找人安慰自己时；旅行时；发呆时；读到有趣的书时；有神奇历险需要分享时；遛狗时；想要找个人吐吐槽时……哦，当然，还有发现沾有美妙酱料的烤鸡翅时。

远离充满负能量的人

大学时宿舍310B是全班的禁地。随便谁只要一进去,就会发疯。不是风水问题,是里面住着三个"职业差评师"。几乎所有人,哪怕是公认的老好人,都受不了那种虽无恶意但从却骨子里透出的不友好。

我说的老好人是我们的亲班长,脾气那是相当的好。整个大学阶段我只见过他爆过一回粗口,而这唯一的一回就是针对310B的这三个哥们儿。

当时是毕业前的暑假,老好人在北京工程院实习。因为表现优异,所以作为唯一的本科生被提前录取。这个消息让他嗨翻了天,为了攒人品,回宿舍后他立马请客吃饭,大家在桌面上当然是盛赞老好人。

在一片溜须拍马、相互吹捧的和谐气氛中，310B的甲淡淡地说："北京工程院也不是什么好单位"；乙接着冷冷地说："合同都没签，谁知道最后能不能搞定"；丙最后特浑蛋地说："我早说工程院里都是走关系的吧"。

三句话一完，三人泰然自若地继续吃饭，对面老好人的脸都绿得发蓝了。

有没有觉得有点似曾相识的感觉？

如果没有，真是恭喜！你人品爆棚地在曲折的生活中巧妙地避开了这种极品。但我猜，由于差评师多如星辰浩瀚，无处不在，所以大多数人还是不能幸免于难吧？

职业差评师这种生物最先起源于淘宝，这些人故意给卖家打差评，然后勒索点小钱。不过"生活差评师"不一样，他们不敛财，只致力于狂喷"我不满"或"你不好"。他们有两大特点：其一，对世界的一切事物评价稳定——都是负面的；其二，动嘴能力强——叨唠起来就停不了。好事情在他们那里是坏事情，坏事情在他们那里变成无法弥补的悲剧TNT。

在他们看来，成功者大多心机很深沉；上位者都是不择手段靠关系；高管要么没婚姻要么婚姻有问题；名校毕业的是高分低能，非名校毕业的是智商有问题；早早结婚的是没事业心，大龄拼命事业的是嫁不出去；天下美满的家庭都包藏祸心，一切恩爱的恋情都是天上浮云……

　　我的朋友里几乎没有这种差评师。不是太好运，而是我学乖了，一旦嗅出那种尖锐的、带着腐蚀性的味道我就赶紧避而远之。以前就遇到过这么一个人，在她的眼里，整个世界都充满了恶意，让人想要印象不深刻都很不容易。

　　这个差评师是我初中同学，叫小未。毕业来北京找工作，和我同专业，可聊的话题很多，一度来往甚密。因她初来乍到，作为在北京已混迹七八年的我自然应该尽地主之谊。不是我自夸，我真的很厚道，不仅给她介绍了工作，还带着她去参加各种活动。

　　重逢一段日子后，我发现小未的口头禅是"不是""不行"及"不怎么样"。她这个习惯本来我没太在意，直到在我同事Jeff和他的未婚妻Ann举办乔迁聚会，我才意识到其杀伤性有多大。

　　美国人Jeff高大、英俊并多金，放弃了家族产业到北京来体验中国文化。他在这里遇到中国姑娘Ann然后迅速坠入了爱河。小巧玲珑的Ann来自南方，学平面设计，大二时就办过插画的个展，极有才华。他们的新家在雍和宫附近的胡同里，从壁纸到靠枕都是Ann一手操办的，效果让人惊艳不已。

　　家庭聚会进行时，小未忽然问我："这个Ann这么一般，又没胸又没屁股，凭什么就能勾引到Jeff这么好的男人呢？"我便给她讲Ann的事迹，大肆夸奖这个奇女子。小未听了半天，结论很毁三观："说白了就是她家有钱呗，才华什么的，我看也不见得吧……"她这样说，让我很不痛快。首先我十分欣赏Ann，其次我认为不是每个富二代都能达到这种造诣的。

那次聚会仅仅是个开始，之后此类事件层出不穷。小未不仅对我朋友全是差评，对我也大开杀戒：我剪了新发型，她说不衬我脸型，显得无比大；我买了新战袍，她说很过季，完全不吸睛；我跟她说，别人给我介绍了对象，模样好看人也不错，她瞄了一眼之后十分瞧不起。总之，当每一次我洋洋得意地博点赞时都会铩羽而归……

后来小未的实习期结束了。在这之前，她已经得到了没被录用的消息，就决定不久后回老家。临行前，我们一起吃了顿散伙饭，她严重斥责了实习的工作室：老板太傻缺，同事太呆瓜，说到最后好像就剩她是正常的好青年。其间当然也少不了吐槽：北京空气太差，交通太差，一切都太差……总之，这顿饭菜的上空笼罩着一片愁云惨雾。

因为她的实习是我介绍的，而那个工作室的老板是和我关系不错的师兄。师兄大概觉得解雇了我的同学很不好意思，所以还专门找我道歉并解释。其实，我觉得小未的专业水平还不错，就问师兄，为什么不把她留下来。虽然师兄面有难色，不过最后还是开诚布公："那个姑娘实在留不得，自己事情做得不怎么样，倒是动不动就觉得别人能力不行……"原来小未在不到三个月的时间里，几乎得罪了工作室所有的员工，所以在决定留哪个实习生的讨论会上，不仅没人站出来为她说好话，还出现了好几个补刀侠。

听完来龙去脉，我忽然想起之前小未跟我说过的话，大意是她感觉我在北京过得挺惨的："要房没房，要车没车，要对象没对象，工作尚无起色，薪水可有可无……"当时我真挺郁闷的，完全没想到我在别人眼里居然活得这么失败。郁闷完之后觉得小未真讨厌，为什么每次都要让我情绪那么低落？就不会给我一个赞吗？

我想，绝对不是我一个人讨厌这种感觉。不会点赞的朋友，就像移动的废气泄漏点，让恶意不知不觉充满生活的每个角落；又仿佛是半径巨大的黑洞，可以吸走本来应该是快乐、自信还有对世界充满希望的光芒。

豆瓣红人毒舌奶奶说："天才在左疯子在右，职业差评师在中间——创造不了价值又不能把他关进精神病院，只能忍受他叨叨……"可这又不是在开淘宝店，持续给别人差评，既不能赚钱也不能让人心存好感。所以他们又是何苦？

我粗鄙地认为，原因之一可能是自我保护。他们的逻辑是你的不好能把我衬托得很好。法国精神分析学家诺尔贝·夏蒂庸说，评判是为了区别，区别自己和别人哪些方面不同，与谁相似。如果自己与别人的差异有损于自我认同，人们就会进行自我保护。对某些人来说，最好的保护就是攻击别人，因为这让他们感觉良好。

原因之二，是自卑。这种逻辑是既然我不好，所以你也不好。这种自卑多植根于童年，如果小孩经常被父母贬低，听到"你什么都做不好"的指责，记忆就会留下这样的负面评判。小孩会以此作为理解社会的标尺，以至于长大后对周围人群还施彼身——嗯，因为曾受到这样的精神虐待，而不自觉地想要这样虐待别人。

他们也许并没有好好地去思考，这种行为的恶劣性质和严重影响。人需要被赞扬，就像万物都需要水、土壤和阳光。赞扬不分大小，哪怕是最细枝末节的事情都能让人会心一笑、充满力量，比如"你今天好靓""这个发型真潮""你是我见过最贴心的人"。

我不由想到一个有趣的实验，是科学家用来探究赞扬对生物体成长的影响。对象是在同样饲养条件下的三组花卉，一组由人每天赞扬它，一组由人每天贬低它，而最后一组什么都不做。结果是第一组盛放，第二组颓败，第三组介于它们之间。植物尚且如此，何况是人呢？

PART 6 那些曾让你哭过的事，总有一天会笑着说出来

人生在世，不会总是顺风顺水，有时候悲剧在所难免。我们要挺胸收腹头抬高，把悲剧当成阅历，继续前进。

既然活着，那就好好活

2014年，最震撼的消息之一，是马航MH370的失联。

虽然很骇人听闻，但和世界上众多的大事一样，具体到我身上就变得关系不大。我应对的全部行为包括：在电视面前驻足两分钟，叹气三分钟，转身聊八卦四分钟，上网继续关注了五分钟新闻，跟同事讨论了十分钟这个社会有多么不安全，花了二十分钟思考了一下，飞机到底是空中解体还是直接坠海以及今后坐飞机到底应该提前选什么座位才能获得一线生机，然后更改了QQ签名：天佑马航。

我以为事情就这么过去了，等到真相大白的一天，我才会再次重复以上几十分钟的行为，然而两天后，我习惯性地翻看了一下群里错过的消息，才滚动了两页就被吓到了。群上说，有个学弟的女朋友在飞机上。对，就是MH370。不，那女孩已经不是他女朋友了，他们两个月前刚刚结婚。

一瞬间，马航失联这件事，因为这位学弟，变得和我息息相关。我迅速地查找了相关新闻，遗憾的是，仍旧没有任何消息。

这个学弟是系里的大名人。事实上，在我们系提到他的名字，无人不知，无人不晓。他的人生就像维秘——维多利亚的秘密——秀里的模特：漂亮、身材好、幸运还很有钱。

学弟是北京人，老式知识分子家庭出身。各路亲戚中就读大学最差的是清华北大，其他人不是哈佛麻理，就是剑桥牛津。他本人读的少年班，保送进大学时刚好十六岁。艺术天赋高，作业经常被优留，参加设计大赛屡获最高奖。不是书呆子，在学生会和团委都担任要职，把社会工作搞得有声有色，和教育处那几个大妈关系好得就像儿子和亲姨妈似的。此外，长得清爽，异性缘极佳。在大家哭天抢地说对象难找时，这位学弟都换过好几轮了。

这样没有污点的人是会触犯众怒的，他们班的人大概背地里都在默默地挑刺，想找到他性格上的重大缺陷或生理的重大问题。但上天就是这样，偶尔手一抖，就忘了平均分配。让一些人身上集中了成堆的毛病，而另一些人身上居然一点也没有。对此，我也常常不平衡。

没想到，这位可以改名叫"顺利"的学弟，居然碰上如此不可思议的重大不幸。

事件的脉络很快被理得一清二楚：学弟在美国读博期间，遇到了这个女孩。女孩是个混血儿，长得蛮好看的，极具异域风情。她在学弟的学校念本科，两人一见钟情，约会过几次就确定了恋爱关系。

由于不准备读研，所以女孩比学弟先毕业。她进入了一家石油公司，主要负责亚洲区的事务。入职前，她已和学弟旅行结婚，并在圣托里尼岛度了蜜月。而从吉隆坡到北京，是她入职后出的第一个公差。事情就是这么巧，巧得能让人剖肝泣血。

我在群里问，学弟怎么样了。

有回答说，千万不要跟他联系，因为联系也联系不上。他已经把所有能够联络到他的方式设置成了自动回复。大意是谢谢大家的关心，可是他目前没有时间也没有心情来对这份关心作回应。有人说他已飞去了吉隆坡，在机场陪着老婆的家人等待官方的说法。

真无法想象，那会是怎样的一种等待。应该是极度担心、极度焦虑、极度不知所措，又极度希望听到一点好消息。我想，那一定比在医院的走廊里，等待一个手术结果更难熬、更痛苦。因为如果是手术的话，无论怎样，都是会有结果的，而学弟的这个等待却不知道终点在哪里。

学弟的室友，成了我们与当事人最亲近的连接。我很想知道，他到底怎么样了。说真的，这种事情无论放在谁身上，都未必能撑得住。而学弟这种几乎完美的存在，从来没有受过生活打击的模范，骤然遇上这样的人祸，他扛得住吗？

他的前室友说，他悲恸难忍，但难忍也必须要忍。因为他还要安慰女孩年迈的父母，如果他倒下去，他们就更难以支撑。现在他们每一秒都在向上苍祈求，不要带走这个年轻的生命，要给他们一点，哪怕是一点点她还活着的希望。

他的一切都没有更新。没有状态，没有签名，对于雪花般的短消息和邮件，也没有任何回应。我们所有人，虽然事不关己，但也着实为他担心。难道真的是天将降大任于斯人也，必先苦其心志吗？

不知道是第几天，官方宣称经过证实，马航MH370坠毁在南印度洋里。不用再揪心地等待了，这出悬疑剧终于有了结果，尽管是可以预想到的最坏结果。听说后，偃旗息鼓的群又开始了爆炸般的讨论：这个学弟接下来是如何打算的呢？

他室友说,学弟准备回美国办理休学手续,再回来处理一些私事——这能理解吧,遭受了这样大的打击,如果还能像超人般无感,再回学校心平气和地把论文写完……那也太强人所难了。

又过了很久,在我几乎都已经忘掉这件事的时候,群里忽然有人说,这几天收到了学弟迟来的回复。在邮件里,他又一次感谢了大家,并说自己会努力走出来,虽然他还没有完全走出来。

知情人透露,这场意外确实带给他毁灭性的灾难,这几个月他都在家接受心理治疗,吃抗抑郁药并不停地运动。这次心理治疗是他主动申请的,因为他觉得完全依靠自己真的走不下去了。谁都没法描述他所经历的一切,何况我根本没能亲眼见到他。

到现在,我也不知道这位学弟怎么样了。听说他又申请回美国完成他的博士学业,没人知道他的心情是否已经平复了。对于这种永久性的伤痛来说,什么劝解都是无效的。当我们永远地失去了曾经最深爱的人,什么劝解都是毫无意义的。

那么,就不要去劝解吧。一切只能靠他自己,真实地去接受我们的无能为力,就像去接受不时发生的天灾人祸。没人做错了什么，只是对于自然界，出生和死亡是最平常的事情。所以，那些历经劫难而活着的人，是多么幸运啊！

好好活着，为自己，也为家人，为了所有关心你的人。时间会带走一切，记住，那些曾让你哭过的事，总有一天会笑着说出来。

命运很残酷，我们很坚强

经常有人会用些无关痛痒的事情，大肆渲染自己的人生是多么悲剧。

这些事情有：十个人去竞争九个职称名额，结果只有他被刷了下来；考注册建筑师，九门，其中五门都差一分就及格；刚买了辆全新的电瓶车，第一天上班放在地铁站，下班发现就不见了……篇幅所限，就不在这里一一列举。

偶尔的抱怨没什么，我自己也这样。幸运女神不光临，所以希望说出来接收几份同情，或权当自嘲的笑柄。但很烦一直拿着这些鸡毛蒜皮不停骚扰别人的人，好像人家不和他一样痛哭流涕就不懂得什么是悲情。比如那个丢车的哥们儿，在他重复了一千三百五十八次自己的委屈后，我终于对他怒目而视：

"丢个电瓶车有什么关系。你要被电瓶车撞死了,那事儿才有点大了!"我不是在开玩笑,这可是一真事儿。

死者是我爹的旧同事,女,刚满五十五。这阿姨在我们小区周边是响当当的有钱人,各色房产十几套,手下还开着几家火锅店。她很早从单位退下来,白手起家,从做麻辣烫开始发家致富。

今年,这阿姨觉得钱赚得差不多了,上半年便把手里的店转给了别人,心想几百万入账加上房产也够颐养天年了。不料,还没过上几天好日子就遭遇飞来横祸。看到这里,或许有人会觉得奇怪,被电瓶车撞了的是不少,但被电瓶车撞死了就没听说过了。事情就是这么巧,阿姨前一秒被电瓶车撞飞,后一秒脑袋磕在了马路牙子上,结果悲剧就这么发生了。

比起这位阿姨的遭遇,很多问题都变了小问题,很多小问题则变得不是问题。我们真的已经够幸运了,虽然世界和平还只是美好的愿望,但起码生在了非战乱地区,不用担心出门就被流弹炸飞。各种天灾人祸虽然也时有发生,但好在概率不大。

不过,小概率并不是零概率。比如谁能想到坐趟飞机会失联,张开雷达卫星都找不到?谁能想到路过火车站,旁边冲出群神经病挥着刀就砍过来？谁又能想到吃个麦当劳，不愿加入什么全能神，就被殴打致死？人祸尚且如此，更不论变幻难测的天灾了。

2008年5月，我还在北京上大学，汶川地震发生时，2000多公里的距离，我只是略有震感。我本迟钝加上手机功能的衰弱，直到这消息在系里闹得沸沸扬扬，我才赶紧往家里打电话。然而，座机和手机都打不通。我担心得要死，心里已经狂念了八千遍：你们可千万不要有事啊！

四十几个小时，我跟他们也失联了。我非常想回去看看到底是怎么回事，辅导员跑来让我别慌，说成都并不是震中，伤亡人数很少。可我仍然两晚没睡着——虽然伤亡人数很少，但万一，万一他们就在其中呢？我睡不着，我很自责，我恨自己不在他们身边，没有和他们共患难！如果他们真有事，我真的不知该怎么办……

最后的最后，号码终于通了。听到全家安好的消息，我终于松了一口气，却再也支撑不住地跌坐在地上，手和腿都在不停颤抖……

我是幸运的，因为仅仅是虚惊了一场。但学校里却有人因此失去了亲人。

那天下午，全校师生都聚集在大礼堂前默哀，祭奠这场国难。每个人手里都拿着一支纯白的玫瑰，在烈日下站了好久。我哭了，其他人也哭了。我由衷地为家乡这突如其来的灾情感到难过，可原谅我，我更多的感受还是一种自己家人劫后余生的庆幸。

在默哀仪式上，有个工程物理系的男生作为代表致辞。这个叫作瞿定荣的男生是北川人，他的爷爷、奶奶、妈妈还有很多亲人的生命都被地震无情地带走了，而他身为副县长的父亲在这种情况下还要搜救其他被埋在废墟里的人们。他父亲不让他回北川，让他待在北京好好学习，坚强起来。瞿定荣每次参加活动讲起这些事，都会泣不成声。

但我觉得，这男生是能够走下去的。虽然他无比伤心，却不会就此消沉。因为他和他爸爸还有一个信念，就是把这份哀恸转移到重建北川上。事实上，他已决定毕业后回家乡工作，为逝去的长者尽一份力。

在此之前，我不认识他；在此以后，我也不认识他。但却凭空多出了很多同病相怜的理解与敬佩之心。

汶川地震是国难，关注者很多。传媒的力量让大多数人都能明白罹难者家属的心情，这是不幸中的大幸。但并非所有意外都能引来如此多的关注和援助，所以那些人，只能默默地、孤独地承受着悲伤。

在外企工作时认识了夏天姐姐，她已不惑之龄，是公司商务组的分区头头。对于00后的小朋友来说，她更应该被称作阿姨。

她和别的商务很不一样。很多人和我一样，可能都会有这样一种职业印象，大多销售、商务之类的，一般都油头粉面、利欲熏心、目的性极强。而夏天姐姐，莫名呈现出等死的不作为。她并非不卖力，实际上她还很能干，否则也不会当上领导。她只是从来不兴奋，拿下再大的单子，获得再多的加薪，都心平气静。我原以为她这是喜怒不形于色的气度，后来才知道，她这是因为从未走出痛失爱侣的绝望。

夏天姐姐没有成家，或者说她不愿意再成家。

十余年前，她和相恋多年的男友移民澳洲，在墨尔本安顿下来并登记结婚。婚后他们到西澳首府珀斯附近度蜜月，天气一直很晴好，所以每天下午他们都会在那片美丽的海滩游泳、晒太阳。第六天，突然起了大浪，夏天的新婚丈夫被卷走了，再也没回来。这一切发生在电光火石间，无论她在岸边怎么大叫怎么哀号，都没有用。

搜救持续了很久，但迟迟没有传来好消息。夏天曾想在同样的地方，用同样的方式跟他一起走，但被人救了上来。之后，她伤心了很长时间。再之后，她离开了澳洲回到中国，放弃建筑师的工作改行成为了商务。

她说，当初去澳洲，是因为丈夫在澳洲留过学，非常喜欢那边广袤的天地和宁静的风光。然而那样的景色对她一个人而言，真是太寂寞了。她回中国，是因为中国足够喧闹，在这样的环境中，她才不用每时每刻都想起他。而放弃设计的工作，是她不觉得自己还有灵感去创作，还有勇气去深究。

　　我不知道这算不算坚强。至少从表面上看，她一切安好：有很体面的工作，很丰厚的薪酬，还有想走就走的魄力和自由。也不是没有追求者，如果她愿意，还是可以找个伴侣终老。但这一切都不是她想要的，或许，她就是想用这样的方式去追忆爱。

　　意外来得太快就像龙卷风，一切的悲剧是这样的由天不由我。

　　不管有多能干、多伟大，我们每个人都难逃大自然的种种劫数。所以，真的，我们需要对世界和自然保持敬畏之情。恒星坍缩、行星陨落，世事本是无常的。我们需要明白也必须明白，所谓意外，真的随时可能发生在我们身上，就像正在发生的无数起事故一样。

　　面对概率不足万分之一的悲剧，每个人的应对方式都不会相同。你可以像瞿定荣一样移情，用一生的奋斗来让逝者安息；也可以像夏天姐姐一样默然，用永不改嫁来祭奠爱人；或者，也可以，用剩下的时间沉沦下去，用精神死亡的方式来对抗天命的不公——只是前者能让人振奋和歌颂，中间这种……则让人无话可说，而最后的选择，他人也无需指责它对与不对，虽然这种选择会让人觉得好可惜。因为，上天意外无意，而你沉沦有心。

有阴影？那是因为你站在阳光下

很多人都听过弗洛伊德先生的童年伤害论，这理论大致是说，人一辈子的心理问题大多都源自童年，并且由于来源十分久远，所以压根没法解决。我的一位女同学A是这套理论的忠实信徒。她每一次出轨后，都会捂着胸口、眼泪狂飙加上低声呐喊："我真的没想过要伤害谁！可能我真的没办法好好爱……"——她的这套连环动作，我们称之为，出轨事发三件套。

A的故事，简单来说，就是出轨成瘾。按照她自己的说法，这种瘾跟她童年的经历密切相关。

A有个比她大两岁的亲姐姐，是父母眼中的头号乖乖女：听话、懂事、成绩好、性格佳。总之，各方面都能做她的领头羊。上学后，她被亲姐姐处处甩尾，免不了被爸妈各种责备：怎么不学学你姐姐，你要是有你姐姐一半优秀也好啊，早知道这样当初就不应该把你生下来……估计她当时心里早就燃起了熊熊怒火，只是怕挨揍强忍着不敢说，但心里肯定在嘀咕：你们生我的时候又没跟我商量过！

后来她开始恋爱，每一任丈夫对她都关怀备至、体贴入微，绝对是优质的"武大郎"。她最初也挺开心的，觉得找到了终身依靠。不过，没多久就会跟不知从哪儿来的"西门庆"搞出事。后来有一次，她的出轨对象跳出了夜店男和花小开的范围，找了个有妇之夫，还是个有女儿的——她和那男人互相做了对方的小三。

后来，她好不容易又一次离了婚，没承想那男人却死活不愿意离婚，然后两人就闹僵了。她受了伤，感觉自己遍寻真爱不着，一气之下竟然想要出家！

在大伙儿的规劝下，她终于找了咨询师坐而论道，谈了十几次，花了上万咨询费，终于有了眉目。咨询师说她这病，根源是童年创伤：从小缺爱导致了她对爱和关怀的极度需求。这么说吧，只要她一遇到对自己很关心很爱护的男人，就会像溺水的人随便捞根稻草一样，立马"坠入爱河"。这种接近于条件反射的潜意识行为让她根本来不及区分那到底是不是爱情。

一切都很清楚了，大伙儿都觉得，只要她下一次再遇到很像Mr. Right的男人，先不要那么急不可耐，花点时间仔细分辨一下自己动情的原因，应该就不会重蹈覆辙了。然而，我们都深深地失望了。她咨询了半天，只印证了一件事：原来我真的有童年阴影！

于是，没过多久，就又有了开头的场景：捶胸顿足、眼泪狂飙，加上爱的控诉。

我同意弗洛伊德先生的理论，因为这是心理学上公认的经典。童年的经历对一个人的成长影响是巨大的。家庭环境可以让我们对世界充满信任和安全感，也可以让我们自闭敏感或自我否定，这都是客观事实。

但我凭借自己的经验和所见所闻，并不认为这些创伤是完全不可修复的。事实上，就连弗洛伊德先生的很多学生也不同意他的这个观点，例如伟大的霍妮女士，甚至因此与之分道扬镳。

童年的我们太过弱小，面对伤害时无能为力，而那些事所带来的后果也可能会如影随形，伴我们一生。我理解，也同情。不过同时我也相信，成长到现在，每个人都不再是那个完全无能为力的自己了。

这时候的我们有成熟的心智，会分辨、会思考，也会选择应对的策略。即使不能改变历史免受伤害，即便小时候所受的伤害难以痊愈，但总能够像光熙一样做些什么，让自己尽量幸福起来吧？

每个人，当下的自己，都是过去一点一滴的累积。童年是过去，昨天也是过去。如果什么都不做，把所有责任都推给童年阴影，那就是在拒绝长大赠与的礼物。

昨日已逝，抖抖尘埃，继续上路

不知道有多少人知道柯伊勒拉。

她是位严重的家暴受害者，丈夫的殴打使她三度流产。离婚后，她从每月仅仅一百美元的薪水中拿出一部分开了间杂货店，专门雇用家暴受害者。后来，她创办了"尼泊尔母亲之家"，以减少人口贩卖、救助被迫沦为性奴的女性为己任。从1993年起，她率领志愿者和警方合作突击搜查妓院，在印度和尼泊尔边界上巡逻，迄今已拯救了上万名女孩，获得"CNN年度英雄"的称号时，她已经61岁了。

柯伊勒拉女士悲剧性的过去，让我十分动容——伤害和痛苦来过，虽然可能永远存在，令她每次想起来都疼痛不已，但她并不是只能站在过往里驻足不前。我们也是一样。

当我告诉别人——多数是深陷精神囹圄的朋友：放心，没有过去过不去，你总会过来的。对方给出的第一反应最多的是不爽，感觉我站着说话不腰疼：哦，敢情受伤的又不是你！

是，的确不是我，我也不知道他所经历的事情到底对他造成了多大的打击，即使他说出来，以我的经验也很难判断这种伤害的程度有多深。但我愿意借出肩膀让他哭泣，愿意借出沙发让他入眠，也愿意贡献出一天、两天，甚至好几十天来让他好起来。

但即使我做了上述这一切，也只是治标不治本。是不是能好好生活下去，要看他自己。虽然情况因人而异，但注定都不会很容易。

Green是这样的朋友，他在我这里借住了很久，为了治愈一道长达十年的情伤。

我在宜家花1999元买的皮沙发又该出场了。Green和小朱一样也在这张皮沙发上哭诉过，但他比小朱过分多了。他不仅哭诉，还借宿了几晚。其间，喝酒、看夜剧，把我的场子弄得满地都是垃圾。

我说，我不是知心热线，没法抚慰你的心灵，也不是咨询师，没法拯救你的抑郁。他一边号叫着"我知道，我知道"，一边继续拿啤酒往肚子里灌，让酒气充满客厅。我很担心这时

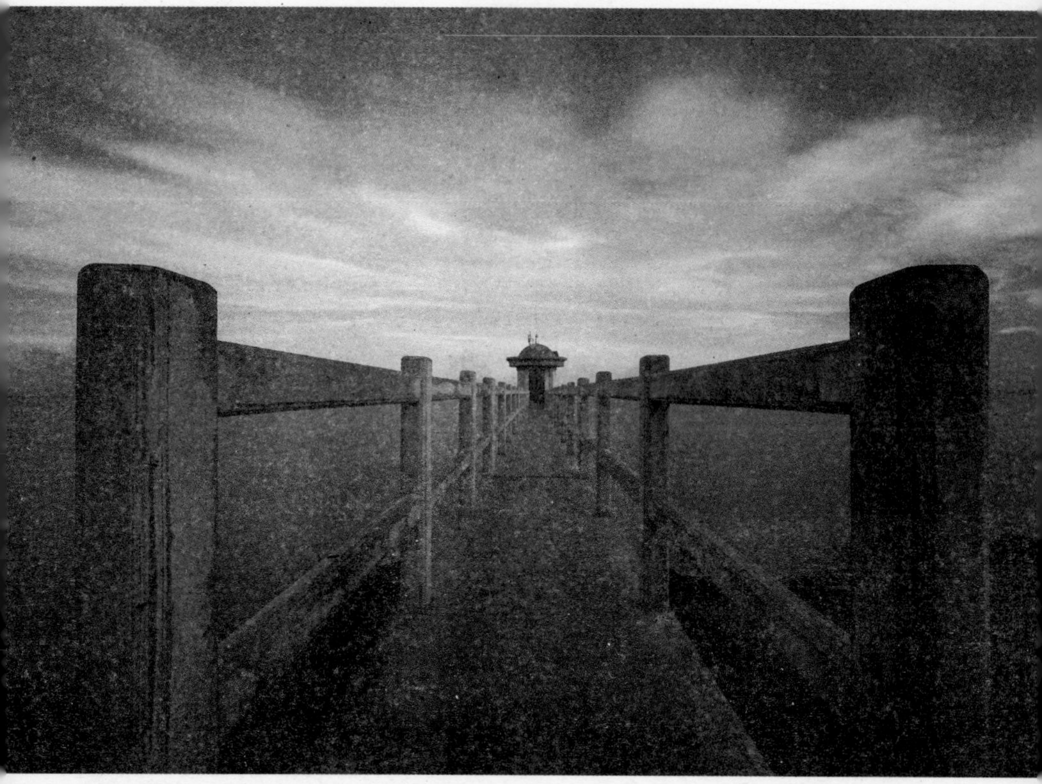

我娘不请自来看到这一切会杀心大起。

这位同学哭诉是因为他的初恋女友回来找他,我不清楚他是不是为了能再续前缘而泪流满面,但不管是不是,杀伤力都是很大的,大到一下又把Green弄崩溃了。我当然知道这个与他正式纠缠三年,不正式纠缠很多年的女孩。Green在一趟夜火车上给我讲起他们过去的故事,他悲情地讲述了一整夜,害得我不得不耐着性子听了一整夜。最后他流下了泪水,而我也因为不停打呵欠流下了更多的泪水。

女孩既是Green的初恋,也是他在哭诉前唯一的女友。他们的爱恋从高一开始,横跨了整个校园花季。高考之前,他们之间出了一点小问题:Green成绩太好,女孩名次太低,所以注定考不到同档的学校。女孩说我们分手吧,Green不愿意,把女孩的志愿单拿过来抄了一份。由于该剧情,我觉得郭教主笔下的顾小北这个人物还是十分有可信度的。

大学里,女孩跟系里的帅哥玩暧昧,数次之后被Green发现。但Green是个很长情并不太大男子主义的小男生。总之,他舍不得放弃这么多年的感情,女孩保证再也不会发生这种事后,他就原谅了她。

这么说确实拉低了格调,但被原谅后的女孩不但没有信守承诺,反而玩得更过分了,居然和学校的实习体育老师擦枪走火，更丧尽天良的是，他们偷偷幽会竟然用的还是Green给女孩的零花钱！这件事是女孩的闺蜜告诉Green的——当然，这又牵扯到另外的八卦，在此不便多说。

接下来Green异常的举动使女孩很快明白，事情败露了，于是她很干脆地又提了一次分手，说生命不能承受之轻，自己不能承受他的好。换言之，Green被发了"好人卡"。当Green还处于不置可否的阶段，人家女孩已经欢快地和实习老师大会师了。

现在大家明白了，为什么我一直叫他Green。对，因为他好绿。

头戴绿帽这种小花边，在声色犬马的世界上多了去了，一般人不过是呸呸呸吐口痰，再叨叨叨碎碎念几句，就接着去赶路了。但也有一些痴心人死活就是过不去，比如Green。毕竟在这段感情里他付出了太多，甚至包括了崇高的大学梦。他不明白她为什么要背叛他，是他哪儿做得不好吗？他日思夜想、左思右想、冥思苦想也完全猜不到一点端倪。大概是想不明白，于是他采取了所有行动中最消极被动的一种——等在原地。

结果还真发生了些后续剧情：

女孩在恋爱的空窗期短暂地回来过几次，与Green简略地似是而非地暧昧了小段时间后，又投入了另一个男人的怀抱。Green就这么在失而复得的喜悦与得而复失的悲伤中反复切换，三年后终于用考研来拉开了和女孩的距离。这时的女孩恰好被一位大叔抛弃了，又跑到北京找Green寻求情感慰藉。她在北京待了两三个月，把Green还没开始的感情搅黄后就潇洒地离开了。

两年后，Green正和另一个女孩"勾兑"时，初恋又举着小红旗出现了。再然后，Green就坐在了我的皮沙发上，用掉了我很多的面巾纸。

Green真枪实弹地经历了背叛的过去，而且依然被这个过去影响至今。每一次，他哭诉的中心都只有一条：为什么她要这么对我呢？

我说："你管她为什么这么对你，过好你自己就行了呗。"不过，这根本没用，他的潜意识用尽了一切方式来抗拒我的建议。似乎如果他真的离开了她，忘掉了她，不仅让这段感情无疾而终，更让她离开的答案成了未解之谜。

在他泥醉的时候，我问他："这个答案真那么重要吗？"事实上，不管他放不放手，看不看开，他和她的感情早就Game Over了。就算她现在回来，他真的还能心无芥蒂地接受她？他不会回忆起她在这之前有了那么多其他男人？

他不说话，接着大哭。

再后来，他现在的暧昧对象知道这位初恋的存在。人家也没去争执，只发了条短信：给你三天时间考虑，要么她要么我。然后真的消失了三天，让Green死活都找不到——这真是一个很有魄力的决定，毫不犹豫、果决无比，对那些优柔寡断的人来说无疑是一贴强效驱魔帖。Green只好在焦虑中想了三天，末了回了一条：你。

我说，Green你很幸运哦，遇到了你的驱魔人。她的果断帮你克服了你的不果断。

但很多人就没这么幸运了，没人能帮他们解咒，所以他们陷在过去的泥沼里不可自拔。这个泥沼，可以是爱情，可以是自己，可以是其他任何东西。它们相同的特点是，虽然本身已经是过去式，但依然不断影响现在：有人曾在重大的演讲中忘词，后来他就变得口吃；有人读书时被同学欺负过，后来他就变得孤僻；有人遇到过糟糕的婚姻，后来他终生不再组建家庭……

我推荐他们都去读读柯伊勒拉女士的事迹。她所经历的，是那样严酷，而她没有被过去压死，反而找到了新的意义。我也很想让他们去看看"尼泊尔母亲之家"里曾作为性奴的女性是如何生活的。她们曾被剥夺过所有的自由和尊严，但她们每个人并不是躺在那段悲哀的过去里不作为，而是努力地用更有意义的生活去淡化这件事所带来的影响。

所以，无论是谁，又何必惺惺作态，以为过去有点不容易，有点不幸运，就可以趾高气扬地告诉别人：我变成这样，是因为我的过去！

是的，以前已经是过去，但现在是未来的过去。以前或许力所不及，而现在，千万别选择自虐，跟自己过不去。

PART 7
可不可以不那么勇敢

不能一直让自己脆弱下去的前提是要先接受它。我们不需要总是坚强，只要不忘记带着自己，那，就一定能走过来。而走过来，将会到达现在无法想象的远方，发现星辰和大海。

其实可以不用那么坚强

有个杂志的副主编突发心脏病去世了,精神压力过大是主因。这个杂志的风格我很喜欢,上学时几乎每期都买;这个副主编我也很喜欢,他的东西读了很多年。所以我在该杂志上读到这个消息时,有点哀伤。

他去世后,社长很难过,在随后几期的杂志中频频表示歉然和愧疚。他在文字里边流眼泪边破口大骂,傻子,让你休息一下你偏不!这位社长写道,自己和他共事了十几年,他是最强有力的手下悍将。绝对的硬汉,特别的能扛,善于收拾各种烂摊子,人送外号"千斤顶"。什么是不抱怨的世界,他的生活就是活教材。谁能想到,他就这样一声不吭地猝然离世。

出事前,正是春节,杂志社刚忙过了年关,千斤顶也完成了特刊的任务。社长看他很累，脸色也很差，可能是压力太大了。于是社长提议，给他放半个月假，出去散散心。当时千斤顶还笑着摇头，说手上那两三个案子过了年马上就冲刺了，没法走。面对这么敬业的手下，社长只好作罢。

"要是我当时能够再坚持一下，也许这悲剧都不会发生了……"千斤顶的死，带来的冲击太大了。我能想象社长那种悲凉中肯定掺杂着很多"伯仁因我而死"的悔恨。然而他也知道，这绝不是坚持就能改变的东西。

千斤顶的老婆说，千斤顶心情不好已经很久了。她曾想过，这样下去他迟早会生病，只是没想过这个病来势汹汹，这样严重，一点机会也不留。

千斤顶和大多数文字工作者一样，收入不高。有限的收入使他和家人生活在这个大城市很不容易，加上他妈妈的治疗费，负担更是沉重。但千斤顶热爱工作，从没想过要放弃，反而更努力地做好每一期杂志。他承接下杂志中最难的部分，从不去埋怨同事不给力，老板太狠心。但纸媒市场越来越惨淡，任凭使尽浑身解数，也不能扭转局面。

工作收入低，生活亦不如意。他们两夫妻想要孩子却一直怀不上，不知是谁有问题还是老天爷不肯做送子观音。由于这些问题的叠加，所以他的精神压力一直都很大。但他却从来不会对任何人说,我受不了,我好脆弱,我想休息!

去年,千斤顶的妈妈在老家去世了,他没赶上见最后一面。回去奔丧,他发了很久的呆。老婆对他说,难过了就哭出来吧,别憋着。他还是没哭,只是轻声地叹气:"总说把妈妈接过来一起住,但到她死我也没履行过承诺……"

打老家回来,千斤顶更努力工作。很多人劝他去巴厘岛、苏梅岛度个假,重新调整一下。他都像拒绝社长一样拒绝了,总是说还有很多的事需要他去处理,走不开。所以,也有很多人很佩服他,好坚强的男人,Ironman真不是盖的。

他真坚强,最后终于坚强死了。

这是个不会对自己示弱的人,也是个逼着自己乐观的人。

他从来不露出也不允许自己露出所谓软弱的情绪,即使在最亲的人面前也是如此。也许小时候受过男孩不准哭、不许那么脆弱之类的教育,才在潜意识里把自己打造成一只钢铁侠。每每遇到想要撂挑子的困难,他就会逼着自己迎难而上,在绝望中寻找希望。他不是不脆弱,是不接受脆弱,而脆弱恰恰是我们需要珍惜和呵护的东西。

每个硬币都有两面,脆弱和坚强也是成对出现。人人都会脆弱,只是脆弱的点不一样。正因如此,才能折射出真实的自我。

我认识的一个女人Z，读博时发现了一间厨师学校，觉得很有趣。回来后面对已开题的博士论文感到十分郁闷和厌烦，她觉得她永远都写不完这个东西了，而就算写完了又怎么样，她一点也不开心。后来她就肄业去学厨了，还写了本小书《厨房里的人类学家》，大火。

当我们因什么事情感到脆弱时，恰恰是需要去思考为什么的时候。这些情绪在传递能够认识自己的信息。不去搭理，一再错过，那么也许到死也不会明白自己真正想要什么。发现让人脆弱的事情，还得接受这样的脆弱。人们都知道讳疾忌医的害处，同样的，逃避脆弱感，情绪就会变成心上的伤痕。如果够幸运，再次遇到相似的情景，它只是会像后遗症般的隐隐作痛；如果不够幸运，它就会变成武器，要人的命。

Z发现了那种心情，然后短兵相接。她问自己，我这一生到底要的是什么？然后她逃离了地狱。是的，厨师学校不过是一个契机。

有人觉得脆弱是令人羞耻的，是纯爷们就该头可断，眼泪不能泛，比如千斤顶。

我得说，这观点真是可怕。脆弱是人类与生俱来的东西，没必要掩盖，接受脆弱，才能更加坚强。

有一位大姐，失恋了只准自己难过一天，次日开始就好像什么都没发生过。我说,你这失恋难受的时间也太短了吧?

她很得意,姐就是那种拿得起放得下的新时代女性。

我狐疑,因为我确定她曾很爱他,也从来不是玩玩而已。这种情况下的分手,不是应该至少一个月悲伤得像《失恋三十三天》里的黄小仙,三个月蓬头垢面把家里搞得像男生宿舍那么邋遢不堪,然后慢慢才回过神,走出来吗?我相信人是需要这个过程的,中间的痛苦和脆弱就像蛇要蜕皮,茧要化蛹,这是新生的必经之路。

后来这大姐果然出了问题。她发现自己的反应明显变慢,很多时候大脑都不能动弹。她很慌张,以为自己得了脑瘤命不久矣,赶紧到医院做检查。结果检查了一圈,技术指标没问题。医生遂让她去了神经内科,可到了那里也没弄清是什么毛病,最后人家又让她试试心理科。

折腾了很多天,她终于在像个正常人一样大哭几场、小哭无数场后找回了智商。医生说她过分压抑了自己本该表达的悲伤,让身体很不开心。所以潜意识决定让她好好休息。

综上所述,我们不需要每时每刻都表现出坚强——尽管那是一种美好的品质,但懂得并尊重自己的脆弱,也是很智慧的选择。

虽然逝者已逝,人都走了,但我还是想对千斤顶副主编表示我的遗憾之情:即便是铁人,也应该知道铁是有抗压极限的,这么浅显的道理,您怎么就不明白呢?

管他怎么看，过你自己的

在工作以前，我和爸妈住在典型的单位大院里，这种小区几乎家家户户都认识。有回爸妈去吃喜酒，我又忘了拿钥匙和手机，就坐在大院门口的长椅上等。当时大妈们正唾沫横飞地讨论着我们家楼下的一位姐姐。

那姐姐在我眼里一直是很酷的存在：高考数学不及格，总分居然还不错；大学期间倒追讲师，最后居然得手；在Intel工作了三年，忽然觉得人生不该这么无聊，把讲师老公撇下，自己去欧洲留了学……好吧，有点扯远了，还是回到大妈们的谈话内容吧。

这姐姐晚上穿着短裤和长T恤出去买东西。她十分健壮，虽然穿了抹胸但走起路来前面还是特别波涛汹涌，加上穿的是长T恤，所以乍看上去就跟没穿裤子似的。于是大妈们就热火朝天地议论开了——

"哎哟喂，这去了外国留学就是不一样，回来变得这么开放！"

"出来连个裤子都不穿，也不怕别人看见，这让她老公怎么想！"

"就是！你们看见没，胸罩都没戴，作风多不好！"

我在旁边听得肉好疼，人家戴不戴Bra，关你们什么事……

就是有人闲得令人发指，他们不关心自家大情小况，却对别人的私事——大至选学校、选对象、选工作这种人生决策，小到内裤是三角的还是平角的，中午吃的是牛肉面还是蛋炒饭这种鸡毛蒜皮——关心得要死。有人说，走自己的路，让他们说去吧。可三人成虎、流言可畏，人是社会的动物，不受周围环境影响很难。稍微脆弱一点的，陌生人和无关者随便指指点点都会让他们不安乐。

就像我娘，双十一首次自己用淘宝账号买了个4.8L的炖砂锅，本来挺开心的，带着几个大妈上来欣赏她的杰作排骨汤。其中一个大妈说，4.8L太小了吧，大点的骨头都装不下，巴拉巴拉；另一个大妈说，这个牌子不好，我们家洗衣机就是他家的，老坏，巴拉巴拉；第三个大妈说，还不如买个高压锅，功能多得多，巴拉巴拉。

她们轮番上阵把我娘给整郁闷了，那天晚上含了两片安眠药都没睡着。四点起来摇醒我老爹说："要不咱还是把炖砂锅退了吧？"

我爹不耐烦："用都用过了，怎么退？"然后转身想接着睡，结果没两秒钟又被我娘摇醒，她怯怯地问："就说有质量问题？"

我爹终于爆炸了："自己觉得用着好就行了，管她们怎么说！"

看吧，被熟人说两句尚且如此，那么对上"永远正确"的权威和"永远爱你"的亲人，又会怎样呢？

我总记得为什么高中一年级物理成绩那么差，是因为有回去问老师题目，老师说我人笨反应慢。自此心生怨念，变得不愿意上物理课。演变到后来，干脆用物理课的时间写其他作业，成绩自然越来越差。本来指望高二文理分班能换个老师，结果很失望。于是跟最好的哥们儿抱怨，结果他说了句我永生难忘的话：你交学费来是上课的，又不是来让她夸你的。她觉得你笨，那又能怎样？

老师，只是权威的显化形象之一。当我们渐渐长大，还会遇到导师、领导还有专家。他们的社会地位使他们的结论看似很有力量，所以更容易去影响别人。但想想天气预报的准确率，再想想现在居高不下的房价，他们的答案也很难全对吧？

话说回来，就算他们全对了又怎样？就算我们在走弯路，在做傻事，在犯大错，但关于生活的经验，不是随便听听别人的意见，看看书上的箴言就能真正获得的。成长必须经过亲身实践，因为没有实践，就没有发言权。就算走到后来真的后悔了，也是自己走出来的。我们能因此学会承担自己的选择，而不是依赖别人的看法。这太重要了，早晚有一天你会明白。

而有人说亲情是种绑架，一点也没错。一个人能抗拒他人的嘲讽，却很难抵挡至亲的眼泪。他们总是打着"爱"的旗号，来干涉别人的决定，总是以"你如果不按照我说的做，就是伤了我的心"做武器，来威逼配偶和子女缴械。

我隔间背后的男生烟头就是在父母的苦口婆心之下，跟女友领了证。组里的所有人都知道，他受不了这个女生夸张奢侈的生活习惯，几度想要分手，却总是被家人劝得回心转意。前世五百次的回眸才换来今世的擦肩而过，人们都说劝和不劝分，但我觉得，不合适就分手吧，千万别拖着。今天的妇人之仁，明天的灭顶之灾。

可烟头不想再挣扎，他向家里人认输了。他说，每次分手，老妈都会从外地坐十几个小时的火车赶过来，老泪纵横。烟头看不过去，也觉得自己很不孝，心想顺着老人意思也不会死。关上灯，谁都一样罢。就这样，他成了家。

真希望他阴差阳错生活得幸福，不过这很难。这种刚开始就疲惫了的感情是很难渐入佳境的，出现问题只是迟早的事。烟头的父母就这样扼杀掉儿子幸福的选择权——以"我们都是为你好"的名义，很有可能把他逼成一个负心人。

还有个同事，一直被催着买房，因为乡下的父母认为没有房子的人生是不靠谱的人生。不堪其扰下，他终于买了，在房价的最高点，然后负债累累。从此我们每次旅游叫他，他的答案都很统一："没钱"。

如果这就是他要的生活，那没问题，请随意。然而这不是，他像所有的年轻男孩一样，向往自由。以前他总说，工作两年辞职到香港去玩一阵，再去澳洲Work and Travel。可惜这一切，都不再可能实现了。

父母的价值观不能说是错误的。他们看重固定资产，是因为社会没有提供足够的福利和保障，安全感只有自给自足。但这不意味着，孩子一定要被这样的设置胁迫。自然，家人不站在自己这边，不认同自己的做法，会让人压力山大。要解决这样的分歧，可能要花上极大的心血，还可能会招来不孝之名，然而这就是我们需要坚定态度和强大内心的原因。

　　说到强大内心、独立人格，大概又有一大群人羡慕西方。其实，他们只是没有生活在我们的社会，大家所处的体制不一样。他们是获得了更多的活出自我的机会，但这不过是社会既定的福利，与他们的精神是否高大上无关。如果他们真的从小生活在中国，受到这样集体文化无意识的浸润，几十年之后，他们还能够无所顾忌地走自己的路吗？

　　又扯远了……我只是想说，不必在意他人的目光。最重要的原因只有一个，而且古今中外都通用，那就是：每个人都只能活一次，生命太短暂，经不起片刻等待，所以自己的想法最值得被认真对待。陌生人无关轻重，熟人无关痛痒，朋友无关宏旨，亲人也不能陪你到最终。既然所有人除了自己，都不会陪伴着自己走到最后，那么他们的意见也就只能被参考，不能被信奉。

幸好还不完美

办公室有很多姑娘找不到对象，按照我司的男女比例，这不太正常。

介绍人问她们是不是要求太高，每个人都把头摇得跟拨浪鼓似的：没有，绝对没有！然后介绍人又问，那你找对象有什么要求啊？对方一般会很娇羞地答：也没什么特别的标准，看着顺眼，感觉对了就行。听到这么抽象的描述，介绍人就郁闷了，什么叫看着顺眼，什么又叫感觉对了？

没有标准的要求就像没有路数的拳法，无招胜有招。介绍人们宁愿听到十分苛刻但明确量化的要求，比如：身高185cm、城市户口、肤白貌美气质佳、有车有房，等等。虽然如果真的有这样一个男人，她们未必匹配得上，但好歹也有个方向。

如果用蓝翔技校的精神挖掘下去就会发现，这些姑娘不是没有要求，而是附加描述和解释很感性——

说"不需要男友长得帅，因为男人又不是用来看"的姑娘，通常会附加上，"清秀干净就好，要不会亲不下去；不能像个肌肉怪物，要不摸起来不舒服；至少平均身高以上吧，要不下一代的基因没保障……我看都教授就不错。"

说"不需要名校毕业，文凭只是一张纸"的姑娘，也不会忘记做点补充，"但最好是985、211，这不是势利眼，是要求他有上进和积极的心……"

说"不需要很有钱，夫妻共同打拼才是王道"的姑娘，没准又会说，"起码的经济保障要有吧，年薪没三十万，又没个存款，还不是本地人，以后日子可怎么摆得平？"

这样下来，即使她们真遇到了对先生——Mr. Right，也会因为他各项附加条件不够，而将之拒于门外。然而，她们还在笃定地寻找下一个"看得顺眼"和"感觉对了"的人。也许她们自己很难察觉，她们所谓的对先生不过是潜意识中的完美幻象。

理智使然，所有人都会说不存在完美的配偶，但人们的行为却常常不受理智支配。有时候我们不只追求完美的恋爱对象，更热衷于追求完美的自我，纠结于所有的事情是否恰如其分地圆满。如果不圆满，就会陷入痛苦、继续自虐；如果圆满，就会自鸣得意、继续自虐。周而复始，无穷无尽——这实在是比找不到真爱更悲剧的事。

我认为，追求完美一定会遭遇撞南墙的疼痛，因为这个目标设定有问题。既然完美不可能也不存在，为什么要去追求？人需要去追求一些有可能实现的东西，比如每天坚持跑步三十分钟，在冬至日去淡水湖冬泳——虽然有点难，但有勇气就不畏寒；给妈妈烧一顿年夜饭——火腿煮方便面也行；让流浪的小狗有座温暖的小窝……这些不也很有意义吗？

如果愿意再翻翻我前面的话，会知道我已经讲过很多因为追求完美而悲剧的故事。我没说谎，主人公确实都蛮惨的，包括我自己。我是申请哈佛失败，抑郁了差不多一年；毛丹是易肥体质执着于骨感，结果得了厌食症；大学师兄梁伟更惨，完美主义凤凰男，大学时被年级第一的名号压得喘不过气，工作时被项目的成功压得性情暴戾，最后发展到打自家老婆的境地……

不过，即便前车之鉴多如牛毛，却依然有大批的社会精英在这条路上前赴后继。我们身边总有一些对自己很苛求的人，或者连我们自己都是其中之一。这些人的特点是，事情和预想有一点点偏离都会暴走。谁去劝他们"你已经做得够好了"或"你已经比大多数人做得好多了"都没用。他们要是能听进去，就不会那么痛苦了。

是的，很痛苦，我太明白那种感受了。因为我也曾是这样的人——严以律人更严于律己。而痛苦到绝望时，我也常去思考为什么，难道追求更好的东西不对吗，难道Be a better man不是人类的本能吗？很久以后我终于理解了。人家说的是Be a better man，不是Be the best man。这个man，是自己而不是别人，所以不需要与他人做比较，成为更好的自己就够了。

然而，在我们的社会里，不与他人比较又是个难题。

我们从小被安置在竞争的环境中，被教育这是弱肉强食的世界，贫穷就要受辱，被动就要挨打。孩子从小学就有考试排名，每时每刻都被拿着和其他人比较。口才好怎么样，活泼开朗又怎样，成绩不好都是屁。因材施教、因地制宜只是美好的愿望，大家几乎都被均质化，浓缩成以分数做ID的编号。然后，这样的外在标准渐渐内化成他们自己的标准，于是习惯于终身比较，要去做到局部区域里的最完美。

因此，变成完美主义者，不能全怪当事人。很多时候，是在成长的过程中被最亲近的人苛求，为了得到他们吝啬的爱，而不得不用变得更优秀的技法来引人关注。大量的"不配得"

情绪将跟随他们一生。这是条魔咒：假如我不能变得更优秀一些、变得完美，就不能得到爱，所以我要努力、努力再努力！

但这并非无药可救。

能意识到自己正在为此烦恼，就很好，因为察觉是修缮的开始。我一直说，在完善自我这个方面，很少有事情是不能修正的，当然这也不是我的独创。只要关注这个问题，下了决心，肯定会有所改变。或许道路很漫长，但好过病入膏肓。

我的完善过程不仅漫长，而且迂回。这其间得到了很多人的帮助，包括一个九流的心理咨询师，这一段在最后一天我会详述。虽然作用不大，但让我知道人间自有真情在。我不是突然顿悟的，到现在也不算悟了。我用了很多时间慢慢去构想：如果一切如我所愿，完美收官会怎样？我会很高兴，很满意吗？

答案也许是不。以我多年的经验，即便完美地达成了目标，快感也是极为短暂的。我又要疲于奔命地寻找下一个目标、另一个战场还有下一位对手，之后又陷入冗长的不快中。这么不可持续的事情，我为什么要去做呢？

追求完美是个伪命题——因为完美不存在，即使和周围人比较而得出的相对完美，也没有意义，因为我们的起点根本不一样啊。没有刘易斯的腿，没有爱因斯坦的智商，没有帕里斯那个叫作希尔顿的爹，没有范冰冰或金城武的脸，更没有吴彦祖或林志玲的身材，又怎么可能和他们有着相同的命运呢？

既然起点不同，那么这些"比"有什么意义吗？我们的社会发展比欧美晚很多年，所以不能比；男人不能生孩子，女人要来大姨妈，还是不能比；我活六十年，你活八十年，完全不能比；做人可以鱼肉其他动物，而其他动物很难鱼肉我们，根本不能比！那么多条件不一样，为什么要比？

有时候我会偏激地觉得连足球比赛都没意义，发22个球回家玩儿去多好！当然，这只是一个玩笑。其实任何比赛和竞争都不是问题，"更高、更快、更强"的奥林匹克精神也是为了激励人们和自己的极限做斗争，而不是为了扭曲成争金夺银的恶性循环。我们每个人都不完美，但正是这样，所以还有变得更好的期待。而变得更好并不是很难，只要愿意，并且真实地付出行动。

慢慢来，一切都来得及

我的恋爱成与不成，都很快。

基本上就是跑到人家面前，简单粗暴地问："觉得我还行吧？还行咱就在一起呗。"如果对方没答案或给出否定答案，我会在悲痛两个月后换个目标重复以上过程。我极少玩暧昧，与其说是不喜欢，不如说觉得很麻烦，没耐心进行拉锯战。这点匪哥就做得很好。他不追则已，一追少则半年，多则长征那么长。

匪哥之所以被我们叫成匪哥，是因为他很有点山寨大哥的派头。其实他牛高马大长相不差，然而因为这副过于粗犷的长相，导致很多姑娘看到他就产生了很多不好的联想。也许就是这个看脸的世界，培养了匪哥格外坚忍不拔的精神。使他能整整两年致力于撬墙脚，并最终取得了攻打空姐战役的胜利。我真是佩服他！

他们相遇在空姐妹子的航班上，匪哥说他看了她一眼，就知道对了。我抑制不住心中的疑问，这是在唱《传奇》吗？"万一你看上的是孩儿他妈……"他摇头，说直觉告诉他爱情自有天意，所以情况不会那么糟——他真是我遇见的屈指可数的用直觉来思考问题的，爷们儿。两周后，他告诉我一些关于这个空姐的具体信息，情况果然没那么糟，她只是有个男朋友而已。

人家名花有主，所以完全不想理他。既然如此，那就放弃吧。反正林子那么大，妹子也不少。但匪哥坚决不肯，他说："这种路数的女生，要放长线煮青蛙。"于是他每天给空姐发短信，嘘寒问暖、无微不至，比她男朋友表现得更像男朋友。空姐从不回复到偶尔回复再到常常回复，总共也只过了一年半而已。所以说，真是不怕流氓有文化，就怕色狼有耐心啊！

空姐最后的态度当然是匪哥想要的，这表示他们的关系在慢慢"变质"。但我难以理解的是，他到底是怎么度过她从不回复的头三个月，而没有转向其他目标呢？"其实不太难熬。"他的答案是这样的，"她不回复或用'哦''嗯''呵呵'打发我时，我就当对着10086。其实，通常我也是很无聊才编两条信息，比如等红灯什么的，发完红灯就绿了。"

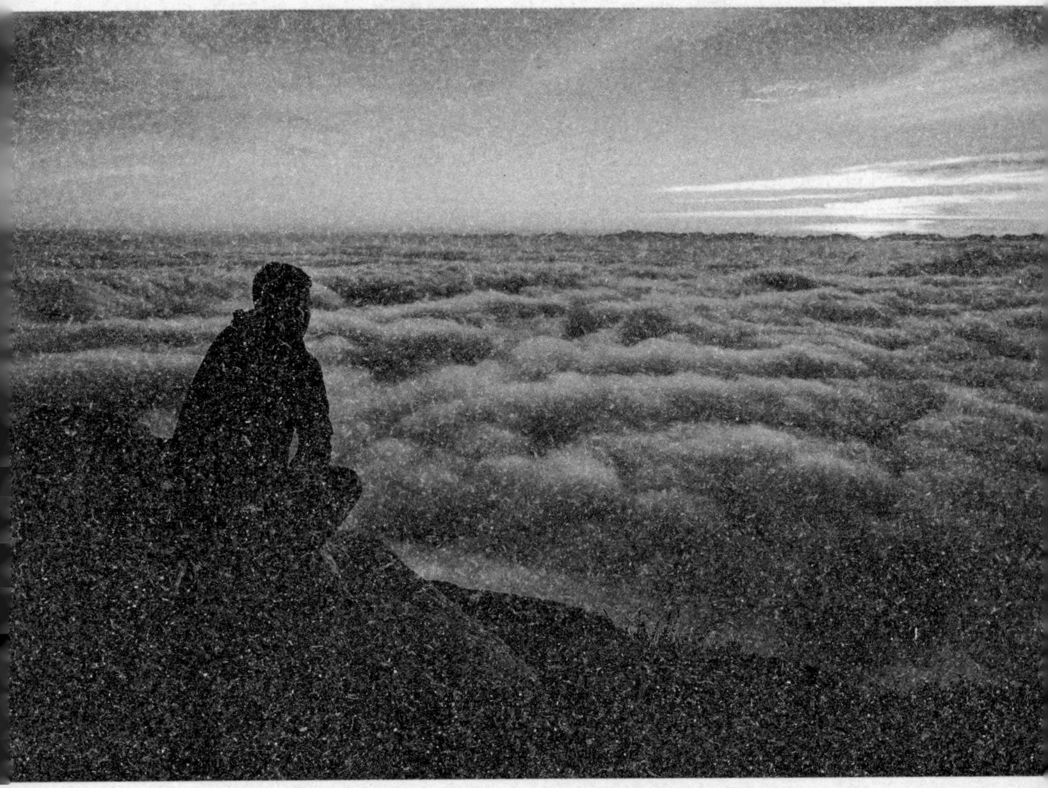

"可是她不回复，你不失落吗？"

"有点。"

"那你还继续了一年？！"

匪哥这时就显得比较得意了："追女生嘛，总要有点耐心啦，霸王硬上弓是不行的。"他用了句最古老的谚语，心急吃不了热豆腐。他是对的，他真的吃到了豆腐。所以匪哥也是我遇见的屈指可数的极有耐心的，爷们儿。

虽然是个小小的追女行动，但我仍然认为很难得。

时间的长度没有变化，可我们的世界却变得越来越快速，整个环境都充斥着急不可耐的气味。互联网时代的快速浅阅读已经引起了人类大脑生理学和解剖学上的变化，我们正慢慢丧失深入和线性思考的能力，同时也更加缺乏耐性——以前两地相思，只能鸿雁传家信，一辗转就是几个月，但人们尚能够一边好好生活一边好好等待，而现在微信五秒钟不回，某段感情都可能崩溃。

社会在飞速发展的同时，也以同样飞快的速度扭曲了生活的节奏：二十岁开始，急着毕业，急着找工作；急着升职加薪，急着跳槽换坑；急着赚钱创业，急着环游世界；急着恋爱，急着结婚，急着生娃；等娃生完，又急着给娃安排幼儿园、小学、中学、高中，等他们长大后，又成了着急的新一代。一切就是这样以同样的模式单曲循环。

大家很着急，非常着急，都想以最短的时间创造最大的价值，取得最高的效率，我也是一样。刚开始工作时，我有个非常宏伟的计划：先用两年考到一注的执照——号称职业资格考试难度之最，拿着资格证跳槽，应该可以争取到项目建筑师的资格，然后月薪基本可达三万，再待两年就可以拿着存款再次申请留学……

老实说，这安排不错，如果够幸运也能成。但我的人品似乎已经在高考中用光了，第一年报了六门竟然一门都没过！尽管可以找到很多原因，比如复习材料跑偏，考试前加班不断，运气太背门门都只差一两分……但结果就是结果，无法辩驳。第二年又被临时派到了外地出差，恰好滑过了考试时间的边缘。

So，我那个宏伟的计划不得不顺延两年。我不知道顺延两年会发生什么，万一无常的世事又给我整出其他幺蛾子怎么办，这个计划岂不是整个流掉了？我觉得十分焦虑，想到那些已月入三万的同学，就感到自己已经永远地慢了两年，于是更加着急。

这时我的一个哥们儿也很着急，他正宅在宿舍里冥想苦思要不要退学。

这哥们儿在读博士第二年，论文的题都还没开。读得好好的，干吗退学呢？他说读博太没意思了。说得文艺点就是学校外灯红酒绿、花天酒地，学校里青灯古佛、箪食瓢饮。以前的同学拿着不低的月薪，有假期就游山玩水，国内外飞来飞去，然后谈婚论嫁，有房有车又有娃。自己呢？苦哈哈地坐在研究室，领着八百一个月的博士津贴，还要继续三年这样的生活，想想就亏大发了。

这想法挺有逻辑的，很与时俱进地顺应了我们这个时代着急的潮流：成名要趁早啊！要做事儿赶紧啊！我们要赶紧把人生的各个重要节点都过一遍，到五十岁，哦不，四十岁，我们就可以做点自己想做的事，得到那所谓的自由。但，假如活不到那时候呢？这些像挤牙膏一样挤下来的时间还有意义吗？——我知道这是极端的情况，但确实又曾发生过。

知道复旦女教师、海龟女博士于娟之死吗？我常把她作为生命的经验分享给我的朋友和读者。在《为啥是我得癌症？》这篇撼动了很多人价值观的文章中，于娟写道："我曾试图用三年半时间，同时搞定一个挪威硕士、一个复旦博士学位……我拼命地日夜兼程，最终没有完成给自己设定的目标，恼怒得要死。现在想想，就是拼得累死，到头来也只是早一年毕业。可地球上哪个人会在乎我早一年还是晚一年博士毕业呢？"

我觉得她几乎是同时带着苦笑和泪水，用自己的悲剧来劝谕留下来的我们："在生死临界点你会发现，任何的加班、太多的压力、买房买车的需求，都是浮云。"如果我们累死累活、加班加点，只是为了尽快完成那些外界看来很重要的人生目标，那直接按一下快进，从现在到退休到骨灰盒，好不好？

有位在新华社工作的校友回母校演讲，有一段话说得很好。她说事业是场马拉松。在马拉松上没人抢跑。为什么呢？因为马拉松拼的是全程如何分配体力、耐心的智慧。起初那一段的状况和最后的成绩，往往天差地别。对此，我深以为然。觉得事业如此，生命亦如此。

生命只有一次，时间转瞬即逝。我们正经历的每天，都是独一无二不可重复的一天，也都是将开始经历的生命中最年轻的一天。如果奔命往前跑，跑过节点、达到目标而错过光阴本身，不如直接去死好了，反正那是人生最后的一个重要节点。

好在，很多人都意识到了，现在的楼盘都打出了LOHAS和慢生活的标签；九把刀的杂文集《慢慢来，比较快》成为了畅销书；而成都因为它著名的慢节奏跻身世界级宜居城市之列……人们似乎不想再以急躁的方式挥霍有限的生命。那么我想，接下来，追妹子和汉子，我们都可以学着匪哥，很轻松愉快地来一次"长征"。

小明，滚出去

我在这里再次提到小明，说明这个人物真的很经典。他代表了读书时最令人讨厌的完美榜样，还可以代表长大后最令人讨厌的完美榜样。他可以有形，也可以幽灵，然而不管怎么样，都很恶心。为什么恶心？因为他是别人用来丈量我们价值的标尺，是悬在我们头顶的利剑。

中国人可能是是全世界最喜欢比较的，小时候跟别的娃比个子，上学了跟同学比成绩，毕业了跟同事比薪水，恋爱了跟大家比对象，老了跟病友比谁先死……总之，什么都可以比。我们是随大流的英雄，大众化的典范。虽然今天的时代提倡与众不同，但中国人做什么还是很喜欢一群人蜂拥。

小清新一流行，朋友圈就全是剪刀手。那句话怎么说的？

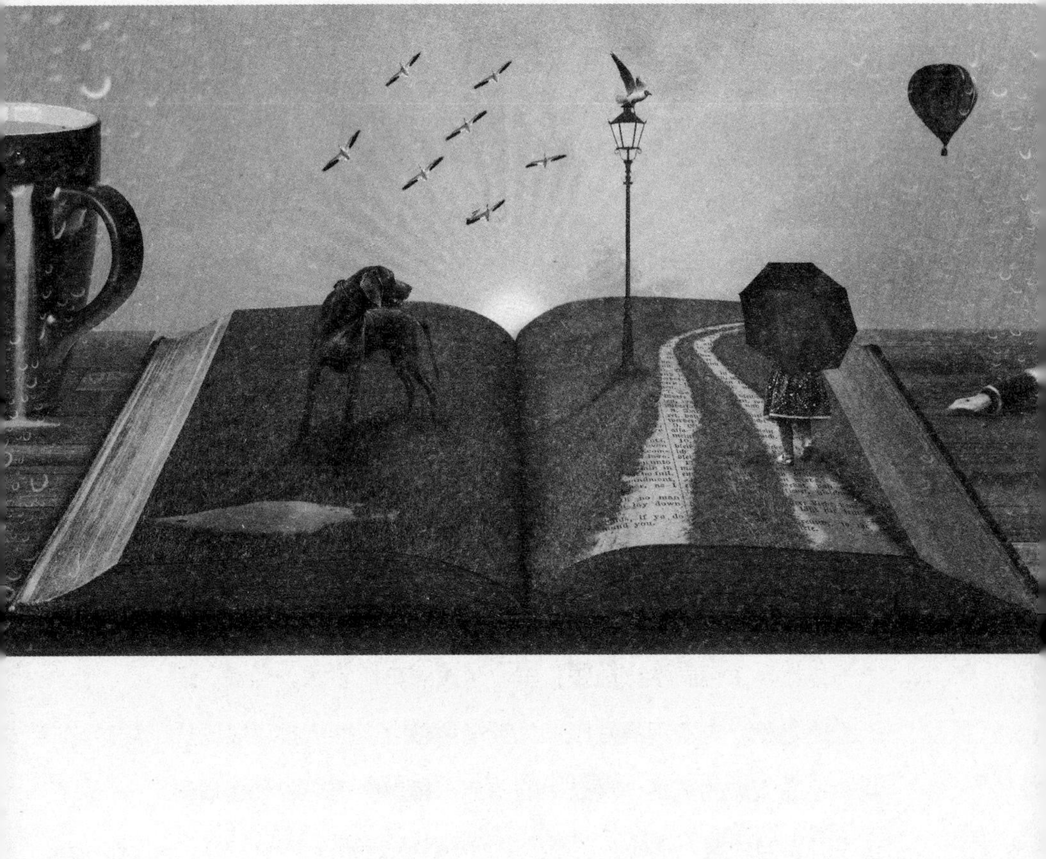

韩国有整容、泰国有人妖、日本有变态、中国有自拍控；媒体宣传背包客，然后全世界都是中国人，随便采访一个小屁孩要是不闹闹"我想环游世界"好像都对不起青春如歌。

再来看看畅销书，张嘉佳的《从你的全世界路过》火了后，书架上就出现了《从全世界路过》《从你们的全世界路过》及《从全世界的全世界路过》……一眼扫过去，真是差点晕过去，难道就想不出其他名字了？

在这种文化的熏陶下，从幼年开始，我们就在不知不觉中，被拿去做各种比较了。多少年来，我们不断主动和被动地成为了小明或小明的手下败将。所以我们很痛苦：比赢了吧，也只能开心一下下而已，因为马上就得比下一场。然而世界牛人如云、高手如林，随着参赛的选手越来越强悍，总有这么一个时刻，我们会像高开低走的股票，雄不起。然后，依附于比较所建立的世界观可能会坍塌，自尊会越来越弱，觉得生不逢时、生无可恋，大约也是迟早的事。

长篇大论地做"叫兽"前，我必须话锋一转，说说刚写下这个题目就想到的人，曾肥。曾肥姓曾，叫她曾肥不是因为她需要增肥，而是因为她真肥。这姑娘在高中时就快一百三十斤了，经过四年大学风花雪月的改造，不但没向白富美发展，反而不停刷新体重的上限。还是她的闺蜜比较正常，考前微胖，高考后苦练"微马拉"，终于变成了四体皆勤的小美女。

尽管肥瘦搭配并不是友情发展的障碍，但我认为长期红花绿叶的组合还是比较危险的。做绿叶的那个人很容易心理扭曲，因为她的自信无时不在被红花打击着啊！特别是红花身边一直飞舞着一群狂蜂浪蝶，其中一只还深得自己的喜欢……嗯，这又是一段混乱的关系。

恕我狭隘，然而在我心里按照"小明原理"，曾肥的确应该十分嫉妒闺蜜，从此相忘于江湖。但人家没有，不但无风无浪地好到了现在，还屡次在红花受打击时安慰她，就跟亲姐妹一样。这是怎样一种强大的心态啊！

带着暗黑猜想，我拐弯抹角地探听曾肥的想法，以为她会说出"不能接受自己，何以拥抱人生"这样有哲理的话，结果换来强烈失望。她跟大彻大悟一点关系都没有，似乎只是反应过于迟钝罢了。倒是闺蜜常常感叹，没有曾肥她真不知道该怎么办。这让我很邪恶地笑了，她是不是在说，女神没有恐龙陪衬就不能衬托出其闪亮的光环？

事情当然不是这样。闺蜜说自己很依赖曾肥，某种程度上把她当成精神支柱。她像个温厚港湾，让她随时可以停留。当她受到伤害，曾肥会如大姐般拥抱她，并且自嘲着安慰她："再不济，好歹也是别人来追你，比我可好多了。"

其实哪个少女不爱美呢？在大学里，曾肥和她的闺蜜一样，也想过苦练微马拉魔鬼一把。但先天心律不齐加上没救的好吃嘴，让她只有放弃这个计划。尽管看着朋友一天天漂亮起来，内心还是羡慕，但她并没有将这份友好的羡慕升级为敌对的嫉妒。这样的宽容，也许就是她身上特有的魅力吧。

让人听了很开心的是，曾肥喜欢的浪蝶虽然没有回头，但却带来了一只小蜜蜂选择了她作为栖息地。那个人最初是被浪蝶带来做追小美女的僚机，尽管浪蝶也十分担心这配角会不会和女主来电，但他没想到，我们也没想到，这位最佳男二号居然看上了末位女配角曾肥，现在他们连孩子都有了。

小蜜蜂说，比起小美女，曾肥显得特别糊涂，什么事情都能忽悠过去。但这世界可贵的就是难得糊涂。在她身边，每天都轻松得像在度假。她真是一个奇女子！被心爱的男人这样夸奖，曾肥开心得花枝乱颤，好像终于发现了自己无与伦比的美。

补充一下背景资料。蜜蜂同学在国外待了很久，和曾肥领证之前非要办单身夜。他和他的圈中友喝酒，我们和曾肥在隔壁狂欢。喝着喝着，红花忽然告诉我，其实她喜欢的是蜜蜂。我呆了呆，说你搞反了吧。她摇摇头，表示没有。最后她说，我知道我从来都争不过她，因为她这样的人太少了。

为什么一说小明，我就想到曾肥，是因为她做到了真实的"自尊"——这本来是我们最应该看重的，但遗憾的是很多人都没有做到。"自尊"是自我尊重，不仅欣赏自己的优点也接纳自己的缺陷，更明白自己的存在本来就和他人不同。因为我们每个人走的路，都是一条唯一的路。所以，谁的评价都无法用来做路标，谁的先例都不能用来当成参考。

我们不是谁的翻版、谁的升级版，更不是谁的山寨版。就像某国产车，即使号称拥有宝马的外形、奔驰的配件、兰博基尼的流线，那又怎么样？它依然不是宝马、奔驰、兰博基尼，问津的人少得可以，还不如QQ呢，至少赢在价格，便宜得吓死你！所以，请让我们在心里大声对自己吼一句：小明，给我滚出去！